卒論・修論のための

自然地理学フィールド調査

泉 岳樹・松山 洋 著

古今書院

Fieldwork in Physical Geography

Takeki IZUMI, Hiroshi MATSUYAMA

Kokon Shoin Ltd., Tokyo, 2017

はしがき

本書のオススメポイント

調査・研究には困難がつきものです。特に，自力では制御できない天候に左右されるフィールド調査（フィールドワーク）においては，このハードルが高くなります。このような，様々な種類のフィールド調査から研究成果が生み出されるまでの舞台裏を，ここまで赤裸々に描いた本は，これまでなかったように思います。そのため本書は，フィールド調査に基づく研究を行いたいという方にとって，大変役に立つ内容になっています。

自然環境の総合的理解を目指しています

筆者たちが所属する首都大学東京 都市環境科学研究科 地理環境科学域 地理情報学研究室では，主に地形・気候・水文・植生などから構成される自然環境についての総合的理解を目指しています。具体的には，質量保存・エネルギー保存・運動方程式などの物理法則に基づいて，原因から結果を説明しようとするアプローチと，フィールドでの調査・観測に基づいて事実を実証的に示そうとするアプローチを組み合わせて研究を進めています。このため，定量的データの収集・マッピング・統計解析・数値モデル・GIS（地理情報システム）などが主要な研究手法となっています。このうち，本書では主に「フィールドでの調査・観測に基づいて事実を実証的に示そうとするアプローチ」（定量的なデータの収集）について紹介しました。一部のコラムでは「原因から結果を説明しようとするアプローチ」（数値モデル等を用いた研究）についても紹介しました。

本書ができた経緯

本書は，月刊「地理」2013 年 11 月号から 2014 年 5 月号にかけて掲載されたエッセイ「自然地理学のフィールドワーク」に，関連するコラムを追加して単行本としたものです。コラムの内容は，それぞれのエッセイに関連した，2017 年現在の観測の現状等をやさしく解説したものです。ただし，これらは筆者たちがこれまでにやってきたことに限られており，必ずしも最先端の機器を用いたものとは限らないことに注意願います（その分，地に足がついた観測であるとも言えますが……）。

本書では，これまで本研究室で行われてきたいくつかのフィールド調査について，忘れがたいエピソードとともに紹介しました。それぞれの観測方法などについてはコラムで説明しました。いくつかの調査結果は論文として公表されていますから，「論文が完成に至るまでの裏話」という読み方もできるかもしれません。基本的に，本書は月刊「地理」に掲載された内容をそのまま転載していますが，単行本化に際し，出だしの部分や図表の番号，文献表記など若干表現を改めたところがあります。

自然地理学から地理情報科学まで

改めて,それぞれのエッセイの内容を振り返ってみると,「雪」,「葉」,「水」,「風」,「空」という一文字の漢字が浮かんできます。最後の「空」は無人航空機をイメージしていますが，連載時の話とは違って，無人航空機はその後，土砂災害，山岳捜索などの現場で大活躍です。無人航空機で得られるものは主として地形変化に関する情報ですから，本書は結局，当研究室で対象としている自然環境を広くカバーしています。このように，地理情報学研究室の関係者が行うフィールド調査ですから，本書は，自然地理学や地理情報科学に興味のある方に広く読んでいただけると思います。

本書の出版に際し，古今書院の関 秀明さんには大変お世話になりました。関さんは，なかなか原稿が書けない筆者たちを暖かく見守っていただき，励まして下さいました。また，古今書院の原 光一さんには，月刊「地理」に連載する機会を与えていただきました。この場をお借りして厚く御礼申し上げます。

2017 年 8 月

泉 岳樹・松山 洋（首都大学東京 地理情報学研究室）

目　次

教訓：運と勘
(1) 現地では，五感を駆使してベストを尽くそう。
(2) ただし，身体が一番大事なので無理はしないようにしよう。

教訓：諦めるなら現場で諦めたい
(1) 離れたところの天候判断は難しい。
(2) それでも，できる限りのことはやろう。

教訓：湯田温泉の「発見」
(1) 観測結果は変えられない。それゆえ観測の研究は面白い。
(2) 新しいことにもチャレンジしてみよう。

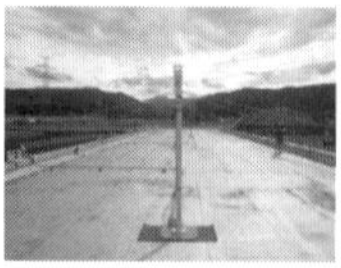

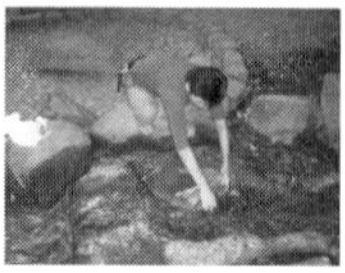

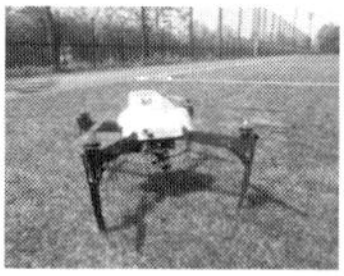

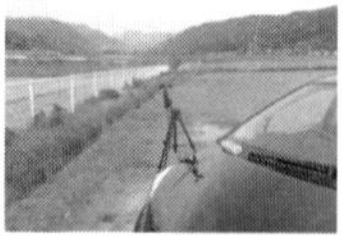

序章

卒論のテーマの選び方と，それに向けてのスケジューリング

地理環境コース／地理情報学研究室のカリキュラム

本書を手にした多くの皆さんは，「自然地理学のフィールド調査（フィールドワーク）」を行って，論文を書きたいと考えている学生さんだと思います。論文の中で最も身近で最初に取り組むのが卒論ですので，序章では「卒論のテーマの選び方と，それに向けてのスケジューリング」について，筆者たちの研究室（首都大学東京 都市環境学部 地理環境コース 地理情報学研究室）の例を紹介します。修論に関しては，本章の最後で少しだけ述べます。

一般に，学生さんが卒業研究を意識するのは3年生になってからです。地理環境コースの学生は3年次に，「地理環境科学第一基礎セミナー」（以下，第一基礎セミナー），「地理環境科学第二基礎セミナー」（第二基礎セミナー），「地理環境科学調査法」（調査法），「地理環境科学研究法I」（研究法I），「地理環境科学研究法II」（研究法II），「地理環境科学基礎課題研究」（基礎課題研究）という授業を履修しなければなりません（図序-1）。このうち，「基礎課題研究」（卒業研究の内容を具体化する授業）は後期に開講される必修科目であり，授業の最終回に「卒業研究計画書」の提出が義務づけられています。それ以外は地理環境コースにある5つの研究室ごとに開講される選択必修科目です。

前期には「第一基礎セミナー」（文献講読），「研究法I」（「調査法」の準備）が開講され，「調査法」（宿泊を伴う野外調査）は夏休みの集中講義として開講される場合が多いです。後期には「第二基礎セミナー」（文献講読），「研究法II」（「調査法」のまとめ）が開講されます。地理情報学研究室では，「第一基礎セミナー」

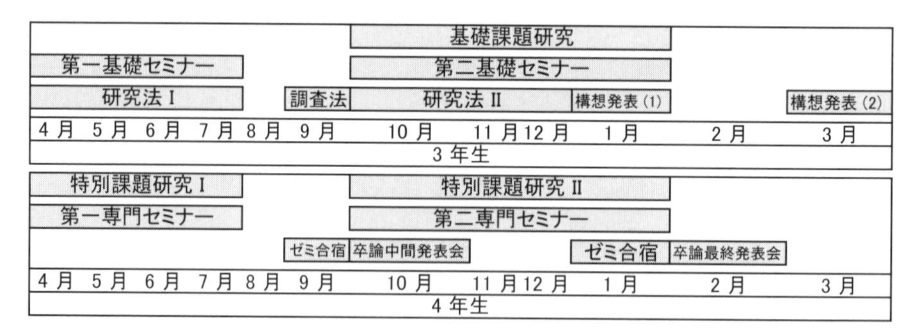

図序 -1　地理環境コースにおいて 3 ～ 4 年次に履修しなければならない科目（略称）と地理情報学研究室におけるおよその年間スケジュール

では日本語で書かれた最近の教科書（GIS，水文学，リモートセンシングのいずれか）を輪講し，「第二基礎セミナー」では，履修者各自が興味のある文献を選んで紹介してもらうことで，卒業研究の具体化につながるようにしています。

地理環境コースの授業は 3 年次の前期が面白いと，筆者たちは考えています。なぜなら，2 年次までの授業（講義および演習／実習）は，学問的に成熟したものであって正解があるのに対し，3 年次前期の「研究法 I」や「調査法」は正解があるのかどうかも分からない，文字通りの「研究」（しかも，結果が出なくてもよい）だからです。3 年次後期になってくると，卒論や就活や院試などについて考え始めなければならず，プレッシャーを感じる場面が多くなります（卒論は結果が出ないと困ります）。しかしながら，3 年次前期にはそのようなプレッシャーは少ないのです。

地理情報学研究室では 2001 年以降，九州の阿蘇地方を対象として「研究法 I・II」および「調査法」（以下，まとめて「情報大巡検」）に取り組んでいます（第 3 章参照）。「なぜ阿蘇なの？」に対する答えは第 3 章を御覧いただくとして，現場では，(1) 水質調査（3 章参照），(2) 植生調査（2 章参照），(3) 神社の調査などを行ってきました。この他，阿蘇高岳（いわゆる阿蘇山）に登った年もあります。(1) 水質調査も (2) 植生調査も現場でいきなりはできませんから，夏休みに現場に出かける前に，大学周辺や構内で測器の使い方の練習をします。

「情報大巡検」では学生一人一人が，個人別の研究課題に取り組みます。各課題には明確なゴール（明らかにすべきこと）が設定されており，「情報大巡検」

の単位はゴールに達した時にのみ出ます（過去にはゴールに達せず，自ら再履修を申し出た学生もいました）。ゴールを含む具体的な研究内容は教員が決めて複数用意し（研究室の大学院生が提案する場合もあります），学生たちに提示して選んでもらいます。指導は，教員と学生が 1 対 1 で，毎週 1 回 90 分程度みっちり行います。毎月 1 回は「情報大巡検」の履修者全員が一同に会して進捗状況を報告します。そして，学生たちは個人別の研究課題を通じて，(1) 地理情報学研究室で卒論を書くための技術やものの考え方を学び，(2) 作業中に直面するであろう幾多の困難の乗り越え方を試行錯誤で学んでいきます。学生たちが過去に取り組んできたテーマ，ゴールと研究成果については，地理情報学研究室の HP を御覧いただければ幸いです（http://www.comp.tmu. ac.jp/lagis/study/）。

個人別の研究課題は様々で, 現場系のものだけでなく屋内系のものもあります。しかしながら，夏休み中に行う「調査法」では，参加者全員が現場系の課題を手伝います。そして, 後期は「研究法 II」を通じて各自ゴールに達することを目指し，12 月に最終発表会を行って「研究法 II」は実質的に終わります（図序 -1)。なぜなら, これ以上「研究法 II」を続けると, 今度は卒論が書けなくなるからです。「情報大巡検」のゴールは教員が設定しましたが，卒論のゴール（問題設定）は学生自身が決めなければならず，これがまた結構骨の折れる作業なのです。

自分が興味のある研究課題はどこまで明らかになっているのか？

筆者たちは,「問題設定ができれば, 研究の半分は終わったようなものだ」と常々考えています。よい論文では，(1)「はじめに」で，これまでの研究成果と残された問題点が提示されていて，(2)「結論」で，問題点に対する答えと今後の課題が提示されています。そのため，よい研究をするには既存の論文を読みまくって，「何が残された問題か？」を明らかにする必要があります。具体的には，「自分が興味のある分野の研究史を書けるぐらいになる」まで，数多くの論文を読む必要があります。

論文を読んでいると, 自分が知らない問題に出会うことがあります。その場合，①その問題について自分が知らないだけなのか？　②本当に明らかになっていない問題なのか？ のどちらなのかを見極める必要があり，その分野に関する最新情報を得る必要があります。このための近道は，最近書かれた「総説」と呼ばれるレビュー論文を探して読むことです（これは自力解決策です）。一方，他力本願の解決策として，「専門家に聞く」というのがあります。専門家も御存知ないということであれば②の可能性が高く，研究する価値があります。何から始めたらよいか分からない場合には，専門家に聞きましょう。ただし，丸腰で相談に行くと相手にされない可能性があるので，自分なりに努力してから相談にいくことを勧めます。

研究課題に関する問題設定は，具体的であればあるほどよいです（次章で実例を挙げます）。小さな問題であっても明確に問題設定がなされ，それが明らかになれば，確実に学問の進歩につながります。このことを踏まえたうえで卒論に関して言うと，「自分のやりたいこととやれることの折り合いをつける」ことを意識する必要があります。卒論には〆切があります。限られた時間内でやれることと自分がやりたいことの間には，多くの場合ギャップがあります。そして，完成度の高い卒論を書こうと思ったら，自分がやりたいことと，実質的に研究指導をお願いする教員の研究テーマが合致しているかについても考える必要があります。地理情報学研究室では，少なくとも卒論であれば，自然地理情報解析に関するものなら何にでも対応できます。しかしながら，教員にも専門分野があり得意・不得意はあります。3 年次の 4 月以降に行われる「情報大巡検」の作業は，教員が学生の力量を見極めると同時に，学生が教員を見定める時間であるとも言えます。

研究課題に関する問題設定の際，地理情報学研究室では，「どちらに転んでもよい」ことを重視しています。これは，具体的な作業を始めるに際し，「どのような結果が得られても卒論として成立する」ことを意味します。仮説通りの結果が得られた場合（= 自然は裏切らない），得られなかった場合（= 自然は裏切る），どちらであっても卒論として成立するかどうかをまず考えるのです。地理環境コースでは，教授または准教授と，助教の先生の合計 2 名で卒論の指導体制を組む場合が多いので，時として学生本人を交えた 3 者会談（あるいは関係者を交えた n 者会談）になります。夜，お酒を飲みながら「卒論と人生を考える会」になることもあります。

地理情報学研究室では，卒論構想発表は 3 年次の 1 月に，研究室のゼミで行います（図序 -1）。「情報大巡検」の最終発表会（12 月）からわずか 1 カ月後のことなので，3 年次の後期には大巡検のまとめと卒論構想発表の準備を同時並行で行うことになります。その後，3 年次の 3 月（研究室の追い出しコンパの日の昼間），4 年次の 4 月以降と，卒論を提出するまでゼミ発表は続きます（図序 -1）。n 者会談は 1 月のゼミ（卒論構想発表）の前に行ったり，あるいは 1 月のゼミはぶっつけ本番でその後 n 者会談になったりと，学生によって様々です。いずれにしろ，1 年間かけて取り組む卒論ですから，学生本人が納得して主体的に取り組めるテーマでないとやっていけないのです。

ここで述べたことを含めて，学部 3 ～ 4 年次のスケジュールを示すと図序 -1 のようになります。プレッシャーのかかる 3 年次後期以降は特に大変です。4 年次になると，必修の「地理環境科学特別課題研究 I・II」（卒論を支援するための講義・演習）を受講するほか，「地理環境科学第一・第二専門セミナー」という選択必修の授業（各研究室において卒論の進捗状況を発表するゼミ）があります。また，地理情報学研究室で 4 年次の 9 月と 1 月に行われる「ゼミ合宿」は，卒業論文中間発表会（10 月）と同最終発表会（2 月）直前の発表練習を，大学を離れて泊りがけのゼミ形式で集中的に行うものです。これによって，学生たちの発表内容は，飛躍的に良くなります。

データを取って図表ができれば卒論を書けるというわけではなく，データが集まり自分の考えがまとまりつつあっても、それを文字にする段階でハードルがあります。そういう時には,「論文は, 気楽に書ける謝辞から書きましょう。ただし，謝辞はみんなが読むので気合を入れて書くようにしましょう。」とアドバイスをしています。このことも含めて，論文執筆に関する思いは松山（2005）に書きましたので，御覧いただければ幸いです。

2016 ～ 2017 年度の卒論におけるフィールド調査

2016 年度に地理情報学研究室で卒論を書く予定だった学生は当初 8 人おり，これは史上最多人数でした。しかしながら, このうちの 1 人（齋藤有希さん）は，2016 年 8 月から半年ほどマレーシアに留学したために，1 年遅れで卒論を提出することになりました。齋藤さんを含めて 2016 年度は 3 人がフィールド調査を行いましたので，テーマ選びを含めて 3 人の卒論について紹介したいと思います。

【木下紗綺さんの場合】

木下紗綺さんは，「晴天時と大雨時における野川の水質の違い－合流式下水道による影響－」というテーマで卒業研究を行いました。地理情報学研究室では，夏休みに阿蘇で水質調査をする前に，プレ巡検として 5 ～ 6 月に日帰りで東京近郊の水質調査をしに行きます。対象は湧水だったり河川水だったり年によって異なりますが，木下さんが「情報大巡検」を履修した 2015 年度は学生数が多かったので 2 班に分け，東京都西部を流れる野川の源流部（国分寺市）から川沿いに下っていくチームと，野川が多摩川に合流する世田谷区から川沿いに遡っていくチームに分けて巡検を行いました。途中，両チームとも河川水や湧水の調査をしながら移動し，両者が出会ったところで終了という 1 日がかりの巡検でした。ちなみに,「情報大巡検」で木下さんが選んだ個人別の研究課題は「MODFLOW（地下水流動シミュレーションモデル，第 5 章のコラム 6 参照）とイオン濃度からみた阿蘇西麓の地下水流動の再現」でした。

野川のプレ巡検を主導した木下さんは，野川の下水道に興味を持ちました。都市部では家庭排水と雨水を別々に処理する「分流式下水道」が主流なのですが，野川流域では大雨時に家庭排水（希釈汚水）と雨水が一緒に吐け口から河川に排出される「合流式下水道」が流域の多くを占めています。一般に，大雨時に河川流量が増えれば汚染物質の濃度は下がることが期待されますが，野川ではそうでもなさそうです。そして，東京都下水道局への聞き取り調査等により，「流域の自治体や東京都では，大雨時・晴天時に注目した水質調査を行っているわけではない」ことが分かりました。3 年次の間にこのような現状を明らかにした木下さんは，「卒業研究計画書」を提出するやいなや，2016 年 2 月から野川で調査を始めました。2016 年 10 月まで毎月 1 回晴天時に調査を行うとともに，大雨時にも水質調査を行ったのです（ここらへんは第 5 章の話と似ています)。

この場合，「何 mm の累積雨量がみられれば大雨なのか？」という疑問に直面します。野川に調査に出かけるかどうかを決める閾値ですから，木下さんにとっては切実な問題です。金栗（2013）によれば，「野川では，吐け口から希釈汚水を排出する回数を年間 23 回以下にする」という具体的な目標が挙げられています。そこで，隣接する AMeDAS 府中の 2015 年の時間雨量を用いて，一雨雨量（24 時間の無降水継続時間で区切られる降雨イベントの累積雨量，気象庁統計課，

写真序-1　野川橋の吐け口の様子
（a）晴天時（2016年2月17日），（b）大雨時（2016年2月20日），
いずれも木下紗綺さん撮影。

1960）を求めました。その結果，上位24番目に相当する一雨雨量が16.5 mmだったので，AMeDAS府中で雨が降っている時，木下さんは気象庁のホームページをチェックして，野川に出動する機会を探りました。もちろん，台風など身の危険を感じる大雨の時は調査には出かけませんでした。

調査期間中には一雨雨量が16.5 mmを超える大雨が5回あり，いずれも野川橋（野川中流の調布市）にある吐け口からは希釈汚水の排出がみられました（写真序-1b）。晴天時8回と大雨時5回の水質の平均値どうしを比較すると，有機汚濁の指標であるBOD（生物化学的酸素要求量）やCOD（化学的酸素要求量）の濃度は大雨時に増加しました。逆に，微生物が有機物を分解するのに酸素を消費しますから，DO（溶存酸素）の濃度は大雨時に減少しました。そして，これらBOD, COD, DOの濃度については，晴天時と大雨時の差は統計的にも有意でした。また，大澤・小作（2014）に示されている水位－流量曲線と，東京都水防災総合情報システム（http://www. kasen-suibo.metro.tokyo.jp/im/uryosuii/tsim0102g.html）の水位観測データを基に野川橋付近の流量を求め，BODやCODの濃度に流量を乗じた汚濁負荷量を求めたところ，大雨時の値は晴天時の10倍以上にもなりました。これらは限られた観測結果に基づいて推定したものですが，野川の水質の現状と将来を考える上で重要な知見であると言えます。

【山川大智さんの場合】

別の卒論生である山川大智さんは，「UAV（無人航空機）による露頭の三次元モデル作成の試み～箱根ジオパーク長尾峠を対象に～」というテーマで卒業研究を行いました。第 6 章でも述べるように，地理情報学研究室では UAV を用いた地表面状態の把握に関する研究も行っています。そして，山川さんは 2015 年度の「情報大巡検」で，「UAV を用いた高解像度 DSM（数値表層モデル）の作成」という個人別の研究課題に取り組みました。通常は，UAV に搭載したカメラを真下方向に向けて地表面状態を撮影し，これから DSM を作成します。2015 年度の「情報大巡検」で山川さんが取り組んだ課題もこの方法に基づくものでしたが，卒業研究で山川さんは，カメラを水平方向に向けて写真撮影を行い，露頭の三次元モデルを作成することに挑戦しました。箱根の長尾峠は露頭の層序がよく分かっており，過去に噴出した火砕流堆積物や溶岩の堆積構造が明瞭に見られるため（例えば長井・高橋 , 2008），写真撮影によって作成された三次元モデルと現地での肉眼による観察結果を比較するのに適したフィールドなのです。

山川さんにとっても，筆者たちにとっても初めてのことに挑戦するので，長尾峠に出かける前に大学構内で試行錯誤を重ねました。建物の壁面や構内にある崖を写真撮影して三次元モデルを作成し，十分な精度が得られることを確認したうえで，2016 年 9 月 16，17 日に長尾峠に出かけました。研究成果は未公表のため詳細は省略しますが，ここでも露頭の詳細な三次元モデルが作成できました。露頭に近づくことができて肉眼で観察できるところはそれでよいのですが，人間の眼が届かない場合もあります。そのような時でも，UAV によって露頭の形状が復元できたことは大きな成果であると言えます。また, 山川さんの卒業研究では, 水平方向に撮影した写真から三次元モデルを作成するための留意点についても言及されており，一刻も早い研究成果の公表が待たれます。

【齋藤有希さんの場合】

半年間マレーシアに留学したため，1 年遅れて卒業研究に取り組むことになった齋藤有希さんのテーマは，「小型無人航空機（UAV）を用いた森林樹冠の三次元形状の復元」です。齋藤さんは 2015 年度の「情報大巡検」で，「UAV を用いた植生リモートセンシング－空間分解能の違いと植生指標・葉面積指数との関係

－」という個人別の研究課題を行っており，卒業研究のテーマもこの延長上にあると言えます。

実は，このテーマは地理情報学研究室で代々行ってきた「植生リモートセンシング」に関する研究課題です（第2章）。多くの研究室ではこのような形で卒業研究のテーマが決められているのではないかと推察します。このようなテーマの決め方は，卒論生が何をやるか決めかねていて，本人がそのテーマに興味を示す場合には有効です。なぜならば，研究課題の最前線を教員が把握できているからです。

第2章に出てくる長谷川宏一さん（2013年3月博士後期課程修了）が最近，この研究テーマに関する総説を書きました（長谷川ほか, 2016）。そして，酒井健吾さん（2016年3月博士前期課程修了）が「総説で挙げられた今後の課題」を解決するために，「森林の二方向性分光反射特性に関する研究－小型UAVと幾何光学モデルを用いて－」というテーマで修士論文を書きました。森林の二方向性分光反射特性（BRDF，詳細は第2章）を求めるためには，森林の樹冠形状を精度よく推定する必要があります（小野ほか, 2010）。そのため, 酒井ほか（2016）ではUAVから撮影した写真を用いて，八ヶ岳のカラマツ林における樹冠の三次元形状を復元しました。(1) 直下視画像のみを用いた場合と，(2) 斜め方向から撮影した画像を直下視画像に加えた場合とで，復元される樹冠の三次元形状の精度がよくなるかどうかを明らかにしたのです。予想通り，結果は (2) の方が高精度になりましたが，酒井ほか（2016）では，(a) 高度の異なる画像を使用したこと，(b) 斜め視は西方から撮影したもののみを使用したこと，(c) サイドラップ率が低いこと（UAVはジグザグに飛行しながら写真を撮影しますが，隣り合うコースどうしの写真の重なり具合のことをサイドラップと言います)，が今後の課題として挙げられました。そして，第2章で述べる八ヶ岳山麓のカラマツ林において, 2016年8月5～7日に予備調査を行ってデータを取得した齋藤さんは, マレーシアから帰ってきた今まさに，(a) ～ (c) を解決するために研究に取り組んでいます。このように，研究には終わりというものがないのです。

以上紹介したように，フィールド調査に出るきっかけは人それぞれです。しかしながら，共通しているのは，「フィールド調査を具体化するためには明確な問題設定が重要である」という点です。逆に言えば，明確な問題設定ができてしまえば，現場で何を調べればよいかが明らかになり，「あとはやるだけ」になります。

研究経費と安全管理

フィールド調査にはお金がかかります。関連する研究費が採択されている時はよいのですが，そうでない場合には，勤務先から経常的に支給される基本研究費（自分の裁量で使える金額は，筆者たちの場合 1 人当たり 250,000 円／年）を細々と使って研究をすることになります。第 1 章のコラム 2 で述べる巻機山積雪調査（新潟県南魚沼市）を例に，実際にどれくらいお金がかかるのかを紹介しましょう。

表序 -1 は，手元に記録が残っていた 2015 年 3 月の積雪調査の際の収支表です。調査は，大学の庁有車を使った 2 泊 3 日の出張であり，調査協力者 3 名を含めて総勢 5 人で調査に出かけました。収入は，松山と泉の宿泊費（1 泊 10,000 円）2 泊分，日当（1 日 1,100 円）3 日分，高速道路代およびガソリン代であり，これらは全て上述した基本研究費から賄われます。ただし，積雪調査では調査終了後に経費を清算しますので，調査実施段階では結構な金額の現金が手元にある必要があります。

調査協力者のうちの 1 名は大学院生（南里翔平さん）なので大学（もしくは都心）から庁有車に同乗してもらえば問題ないのですが，残り 2 名は社会人（東京都立大学理学部地理学科卒業生の小池崇子さんと尾身 洋さん）ということもあっ

表序 -1　2015 年 3 月の巻機山積雪調査時の収支表

収　入		支　出	
松山 旅費	¥23,300	ハイキング保険	¥2,580
泉 旅費	¥23,300	高速道路代（練馬～湯沢）	¥4,720
高速道路代	¥10,730	食料	¥14,255
ガソリン代	¥10,336	小池さん旅費	¥12,000
		尾身さん旅費	¥6,000
		宿泊費	¥31,860
		給油（赤城高原 SA）	¥8,074
		高速道路代（塩沢石打～八王子）	¥6,010
		給油（大学の近く）	¥2,262
収 入 計	¥67,666	支 出 計	¥87,761

小池さん，尾身さんは調査協力者（東京都立大学理学部地理学科卒業生）。
調査の行き and/or 帰りは，大宮－越後湯沢は新幹線での移動となるため，実費をお支払いしている。

て，行き and/or 帰りは大宮－越後湯沢間は新幹線での移動となります。そのための交通費，山中での食料，宿泊費など，調査には意外とお金がかかります。山岳積雪調査から下山した後，社会人のお二人はそのまま越後湯沢から新幹線で帰京するため民宿での宿泊費はかかりませんが，毎年，積雪調査は確実に赤字になります（表序 -1）。

社会人のお二人に正式に出張を依頼することもできますが，そもそも年度末で研究費は残っていません。また，手続きが煩雑なため，赤字分は松山が個人的に負担しています。逆にいうと，自腹で賄える程度の金額でないと，毎年継続して調査は行うことはできないのです。2016 年 3 月からは山岳積雪調査が終わった後，さらに 1 泊山麓の民宿で宿泊して，UAV を用いた積雪深分布の調査を行うことにしました（松山ほか , 2016）。そのため，日頃から節約して，ますます貯蓄に励む必要が出てきました。

もう一つ，山岳積雪調査の場合にはそれ用の保険をかけています。具体的には「三井住友海上火災保険株式会社の国内旅行傷害保険」であり（表序 -2），代理店（三井ビューロー）に郵便振替で申し込みます。掛け捨ての保険（ハイキング保険）で 1 人あたり 500 円，5 人から加入できます。保険期間は 3 泊 4 日で，「スリーシーズン縦走，冬季低山，山スキー，ゲレンデスキー，スノーシューイング」がカバーされています。山岳積雪調査は山スキーを使った調査ですので，この範疇に入り

表序 -2　三井住友海上火災保険株式会社の国内旅行傷害保険（ハイキング保険）の補償内容

国内旅行傷害保険 補償項目	保険金額 （千円）	免責金額 （千円）
死亡・後遺障害	17,500	
入院保険金日額 *1	15	
通院保険金日額	9	
賠償責任	50,000	0
携行品	250	3
救援者費用	15,000	
遭難捜索費用	0	
乗継遅延費用	0	
搭乗不能費用	0	
受託手荷物遅延費用	0	
受託手荷物紛失費用	0	

*1：　手術保険金もセットされています。

ます。これまで，保険には入ってきましたが一度も使ったことはなかったので，この保険は実質的には「お守り」でした。しかしながら，2016 年 3 月に山スキーで滑走中に立木に激突する事故があり，初めてこの保険のお世話になりました。まさに「備えあれば憂いなし」です。

この他，東京大学環境安全本部フィールドワーク事故災害対策 WG 編（2014）は，山岳積雪調査に限らず大変参考になりますので，ここでご紹介しておきます。

修論について

筆者たちは，「大学は勉強するところであるが，大学院は研究するところである」と常々考えています。この考えに従うと，「修論は自分で考えて自分で研究して下さい」ということになりますが，学生たちを見ていると，卒論の延長上で修論のテーマを考える場合が多いようです。以下では，筆者たちが考える理想の博士前期課程（修士課程）のスケジューリングを述べます。

まず，卒論の内容を春に行われる学会などで発表します。地理環境コースの場合，卒論の提出は毎年 1 月第 3 木曜日，卒論最終発表会は 1 月末～ 2 月はじめですが，上述した学会の予稿集の〆切もその頃なので，卒論を提出したからと言って羽根を伸ばせるわけではありません。春の学会で発表したら，卒論の内容を学術雑誌に投稿します。M1（博士前期課程 1 年）が終わるまでに論文が受理になれば順調です。そして，同時並行で修論のテーマも考えます。修論構想発表会は 11 月末～ 12 月はじめに行われますが，その前に研究室のゼミで，侃々諤々（かんかんがくがく）の議論になります。

博士後期課程（博士課程）への進学を考えている場合には，M1 の 3 月頃から「日本学術振興会特別研究員」（学振特別研究員）の書類作成を始めます。書類の学内〆切はゴールデンウィーク明けであり，投稿論文が M1 の間に受理になっていないと，業績欄に記すことができません。「研究は公表しなければ，他人にとっては何もやっていないのと同じ」なのです。論文の投稿から受理までは辛い日々が続きますが，そもそも論文を投稿するためには完成度の高い卒論を書く必要があります。そのためには，学部 3 年次の段階から卒論を意識しつつ毎日を過ごす必要があります。

修論中間発表会は M2 の 10 月はじめ（ポスター発表），同最終発表会は M2 の

1月末に行われます。学振特別研究員の審査結果は10月末に出ます。そこで「不採用 もしくは 面接なしで採用」ならば修論に専念できるのですが，書類審査を通過して面接に進む場合には，修論の追い込みで忙しい時に面接の準備もしなければなりません。そして，結果待ちの悶々とした日々は年末まで（補欠の場合には年度末まで）続くのです。

以上，筆者たちが考える「卒論」論＋αになってしまいました。これらは，筆者たちがこれまで教育・研究に携わってきた内容を文字にしたものであり，どの程度一般性があるのかは分かりません。序章にしては分量が多くなりすぎてしまったかもしれません。しかしながら，本章が引き続く第1章～第7章を読む際の参考になれば，と思っています。

（松山 洋・泉 岳樹）

引用文献

長谷川宏一・酒井健吾・泉 岳樹・松山 洋 2016. 森林を対象としたBRDFの実測研究および数値シミュレーション研究の現状と発展の方向性．日本リモートセンシング学会誌 36: 225-235.

金栗悠太 2013. 2-(1)-1 幹線下流に流量制限を有する合流改善対策～野川下流部雨水貯留施設の設計～．東京都下水道局技術調査年報－2013－37: 111-120.

気象庁統計課 1960.「ひと雨」のとり方について．測候時報 27: 116-124.

松山 洋 2005. 英語で論文を書くということ・私の場合．生物と気象 5: 1-5.

松山 洋・泉 岳樹・酒井健吾・南里翔平 2016. 小型無人航空機（UAV）を用いた積雪深分布の推定と検証－新潟県巻機山周辺を事例に－．日本地理学会秋季学術大会発表要旨集 90: 85.

長井雅史・高橋正樹 2008. 箱根火山の地質と形成史．神奈川県立博物館調査研究報告（自然科学）13: 25-42.

大澤健二・小作好明 2014. 平成25年の河川流量観測について．東京都土木技術支援・人材育成センター年報 2014: 241-246.

小野祐作・梶原康司・本多嘉明 2010. 樹冠形状を反映した多角の分光反射率の推定に関する研究．写真測量とリモートセンシング 49(2): 58-66.

酒井健吾・山本遼介・長谷川宏一・泉 岳樹・松山 洋 2016. 小型UAVから撮影された直下視画像と斜め視画像を用いた森林樹冠のDSM作成．日本リモートセンシング学会誌 36: 388-397.

東京大学環境安全本部フィールドワーク事故災害対策WG編 2014. 野外活動における安全衛生管理・事故防止指針．東京大学.

第1章 雪を調べる

衛星リモートセンシングにおける地上検証データの取得

❖ この章で取り上げるフィールド調査の教訓

運と勘

(1) 現地では，五感を駆使してベストを尽くそう。

(2) ただし，身体が一番大事なので無理はしないようにしよう。

第1章の教訓（運と勘）は，1991年7月に京都で行われた日本気象学会夏期特別セミナー（夏の学校）での廣田 勇先生の招待講演（廣田, 1992）から拝借しました。廣田先生の講演の内容は気象学における発見的研究の舞台裏について述べたものですが，本章の内容を考えると，やはり「運と勘」よりふさわしい教訓が思いつかなかったのです。

21世紀が始まった頃，筆者たちの研究室では，積雪のリモートセンシングの研究に力を入れていました。特に，山岳域における積雪は，水資源であると同時に融雪出水を引き起こす要因でもあり，これらの時空間分布を把握することは，積雪の有効利用や防災につながります。この場合, 積雪の有無の境界（消雪境界）を把握することが重要です。なぜなら，積雪の有無によって，衛星による地表面状態の見え方が大きく変わってきますし，（詳細は省略しますが）山岳域における積雪水資源量を推定する際にも，消雪境界が重要になるからです。

この頃筆者たちは，人工衛星 Landsat 7号が新潟県中越地方に飛来する16日ごとに，積雪分布に関する地上検証データを取得しに行き（Shimamura et al., 2006; 島村ほか, 2007），その前か後に，新潟・群馬県境に位置する巻機山（図1-1a）で山岳積雪調査（積雪深および積雪密度の高度分布の観測）を行っていました

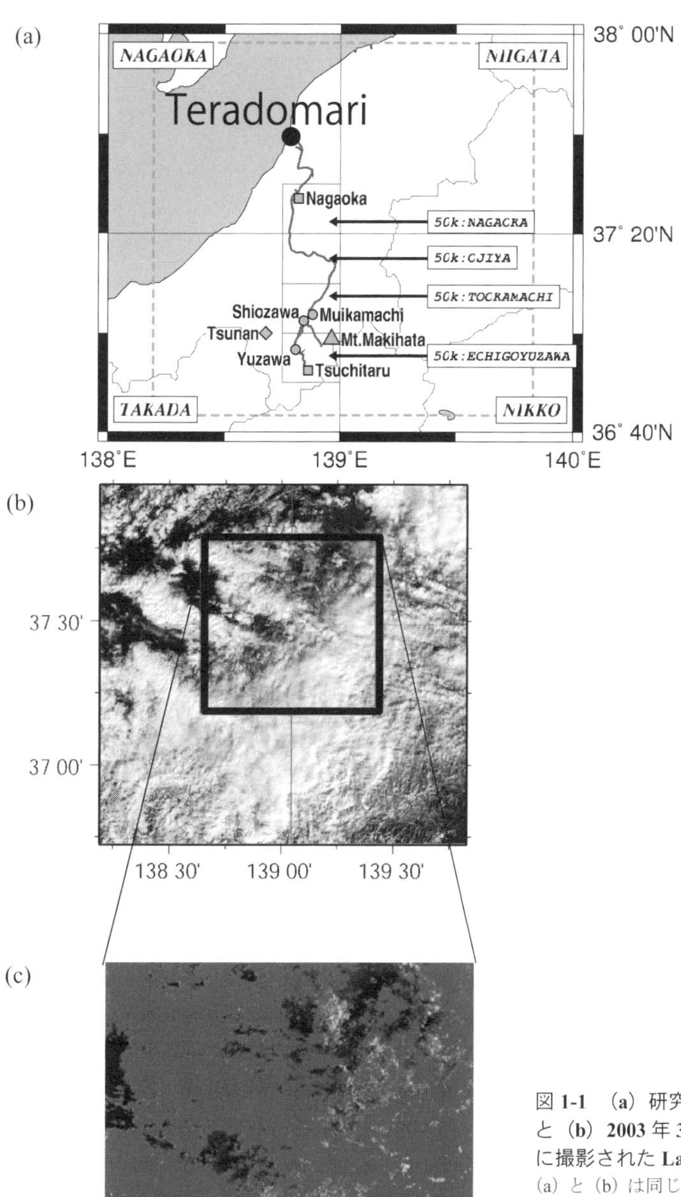

図 1-1　(a) 研究対象地域の概要と (b) 2003 年 3 月 13 日 10:08 頃に撮影された Landsat 7 号の画像

(a) と (b) は同じ範囲を表している。(b) において白色の部分は雲であり，寺泊付近の解析範囲が太枠で囲まれている。Shimamura et al. (2006) を一部修正。

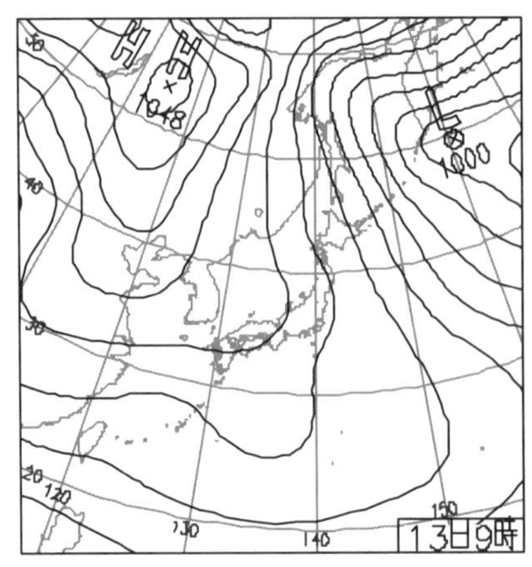

図 **1-2　2003** 年 **3** 月 **13** 日午前 **9** 時の地上天気図
気象庁の Web Site（http://www.jma.go.jp/jma/kishou/jma-magazine/0305/200303.pdf）による。

(島村ほか , 2005)。衛星データから得られる積雪分布は，文字通りリモートセンシングですから，本当に人工衛星によって積雪が捉えられているかどうかは，衛星がやってくる日時に現場に行って確認するしかありません。そこで，Landsat 7 号が飛来する時刻を中心に消雪境界付近に行き，地上の積雪分布を目視で調べて地図を作ったり，衛星飛来時刻に全天写真を撮影したりしました（後述する図 1-3 右上）。全天写真とは，カメラに魚眼レンズを付け，三脚に据えつけて水準を取り，半球状の空を撮影するものです。この写真で青い空が見えているということは，人工衛星からも地表面が見えているということになります。とは言うものの，実際には，衛星飛来時には空が雲に覆われていることが多く，使えるデータが取れたのは全体の 3 割程度でした。

あの日，2003 年 3 月 13 日も，10:08 頃に新潟県中越地方に Landsat 7 号が来ることになっていました。しかしながら，この日は冬型の気圧配置であり好天は期待できそうにありません（図 1-2)。それでも松山は，泉と大学院生の島村雄一さん（当時 東京都立大学理学研究科）に「行け！」と指示しました。松山の心の目には，図 1-2 の日本海付近に低気圧が発生し，新潟県中越地方が疑似好天になることが予想されたのです。冬型の気圧配置の際，新潟県では降雪になることが多いのですが，日本海に低気圧（低圧部）ができると，降雪は止み一時的に好天になります。しかしながら，この低気圧（低圧部）が日本の東に抜けるとまた冬型の気圧配置になりますから，好天は一時的なものにすぎません。このことを疑似好天と言います。一時的とはいえ数時間は好天が続きますから，その気になればこの数時間，調査はできるのです。

この時，泉は，松山の無謀とも思われる判断に相当抵抗しましたが，それでも，島村さんと一緒に大学の庁有車(ISUZU Bighorn)で現場に向かいました。泉にとっ

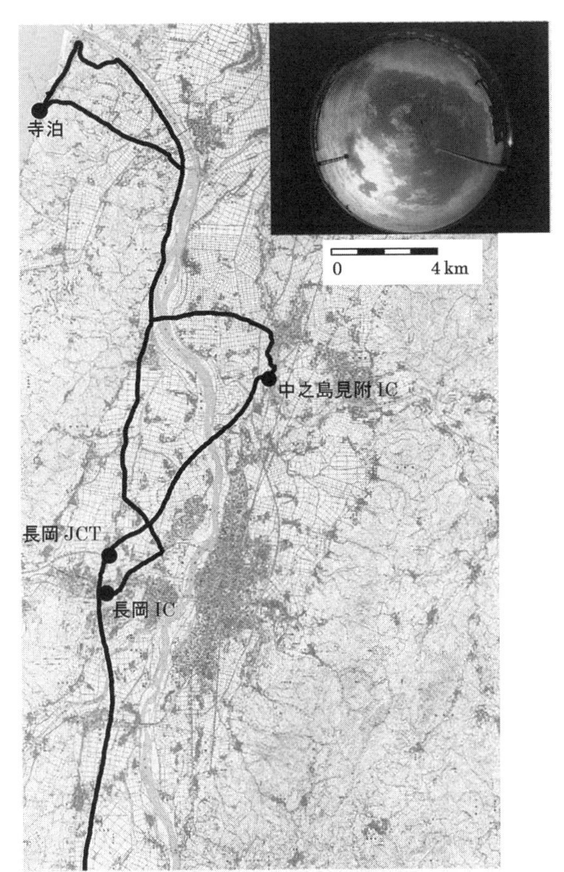

図 1-3　2003 年 3 月 13 日 10:08 頃，寺泊付近から撮影した全天写真（右上）
地図中左側にみられる太線は，寺泊付近における調査ルートを表している。

て松山は東京大学ワンダーフォーゲル部の先輩であり，現場（山）では指揮の乱れは命取りとなるので，意見は言っても最終的な判断はリーダーに任せるという鉄則に従ったのです。これが，ただの上司からの指令ということであれば，その後の山岳積雪調査に与える影響（疲れ）等も踏まえて総合的に判断し，間違いなく従わなかったと思います。そのような状況でありました。

当時の松山の判断は，予想天気図を見てのものでしたが，約 10 年ぶりにこの日の天気図を見直してみると（図 1-2, http://www.jma.go.jp/jma/kishou/jma-magazine/0305/200303.pdf），「冬型気圧配置ゆるむ」という見出しになっており，確かに疑似好天が起きうる状況でした。なお，松山はこの日の午前中に大学での公務があり，泉たちとは一緒に現場には行かず，山岳積雪調査のために，この日の夕方に現地で合流したことを付け加えておきます。

前述したように，積雪のリモートセンシングでは，消雪境界で地上検証データを取得することが重要です。ゆるんでいるとはいえ冬型の気圧配置ですから，案の定，この日の新潟県中越地方は雲に覆われていました（図 1-1b）。新潟平野は佐渡島の陰になること（鈴木 , 1961），および日本海側と太平洋側を分ける脊梁山脈が新潟県南部の境界になっていることから，新潟県内では関越自動車道を北上するほど積雪は少なくなる場合が多いのです。

しかしながら，長岡 IC まで北上しても積雪はなくなりません。長岡 JCT から北陸自動車道を新潟市方面に向かいましたが，予定より大幅に北上したため衛星飛来時刻が迫っており, 消雪境界にたどり着けない可能性が高くなっていました。時々見える雲の切れ間を仰ぎ見ながら，積雪量と海岸線からの距離に関係があるだろうと推論し，早く消雪境界に到達するためには新潟市に向けて北上するのではなく海岸線に向かって北西進すべきだという考えが突如浮かびました。そこで, 中之島見附 IC で高速道路を下り，日本海側の港町である寺泊に向けて消雪境界を探しに行くことを決断しました（図 1-1a， 1-3）。これこそ直感です。果たして結果はどうなったでしょう？

まず，程なくして消雪境界には行き着くことができました。そして，問題なのは，四面楚歌ならぬ四面雲だらけの空の様子です。全体としてはほぼ雲に覆われ尽くしている新潟県中越地方にあって（図 1-1b），唯一，見附から寺泊に至る道だけが雲の切れ目になっていたのです。これこそ奇跡と言えるでしょう。

Landsat 7 号が飛来する午前 10:08 頃，付近にあったコンビニエンスストアの駐車場で撮影した全天写真は，この付近で取得した地上検証データが十分使えることを示していました（図 1-3 右上）。当時，宇宙開発事業団（現 宇宙航空研究開発機構）の Web Site で確認したクイックルック画像では雲量は 10 となっていました。このことは，この画像（図 1-1b）は一般にはほとんど使えないことを意味しています。しかしながら，「運と勘」を駆使して雲の切れ目にいた泉たちにはそんなことは全く関係ありません。雲量 10 の衛星画像を発注することに何の躊躇もありませんでした。

しかしながら，ここに至るまでの代償もそれなりにありました。泉は，ほんの一瞬ですが，人生で2度目の居眠り運転をしてしまったのです。信濃川沿いの土手を走るガードレールのない細めの一本道だったことや，遠くからですがダンプカーが対向して走ってきていたため，相当に肝を冷やしました。一歩間違えば大変なことになるところでした。また，「二度同じ失敗はしない」がモットーである泉にとっては，阿寒湖から川湯温泉への帰路以来の居眠り運転は，本当に痛恨の瞬間でした。

文字通り，命がけで取得したデータは公表しなければ意味がありません。この時に取得したデータは，Shimamura et al. (2006) として，全世界に向けて公開されることになりました。努力は結果が伴って初めて報われます。この当たり前の事実も，この時改めて認識したものです。

歴史に「もし…」はないと言いますが，もし，松山が図1-2の予想天気図を見て「行け！」と言わなかったら，そして，中之島見附ICで降りた泉たちが寺泊に向かわなかったら，図1-3の全天写真とそれに付随する地上検証データは取得できず，Shimamura et al. (2006) も世に出ることはありませんでした。まさに「運と勘」です。確信犯的とも言える松山の天候判断が正しかったことは歴史が証明していますが，今回のように，フィールドワークには常にリスクが伴っており，そのことに関する適切な理解と覚悟が必要だと考えます。その上で，フィールドワークでは可能性がある限りデータの取得に挑むべきだと思います。筆者たちの研究室には，天気図と過去の経験から観測条件を満たさないのが明らかなので中止を勧告しているのに,「諦めるなら現場で諦めたい」という名言(迷言？)を残し，八ヶ岳山麓まで泉を出向かせた別の博士課程の大学院生（現：協力研究員）もいます（第2章参照)。

残念なことに，このようなフィールドワークを通じて，研究者として着実に成長していった島村雄一さんは，病気のため2007年4月にこの世を去りました。博士論文提出直前に志半ばで急逝したことで，本人はさぞかし無念だったでしょうが，残された我々も若くて優秀な同士を失ったことが大変残念でなりません。せめて本稿を遺すことで，島村さんとの熱いフィールドでの経験の一端を，彼の後輩やフィールドワークを志す多くの人に知ってもらいたい，そして何より本稿が島村さんの供養になればと思い，筆を置くことにします。

(泉 岳樹・松山 洋)

【コラム1】

紙地図と電子地図を用いた積雪マッピング

本章で紹介した自動車を利用した積雪マッピングでは，当初（2002～2004年），「電子地図をインストールしたノートパソコンを，車内に設置したGPSとつないで現在地を画面上に表示し，それを見ながら助手席に乗っている島村さんが積雪の有無を紙地図に書き込む」という方法で地上検証データを取得していました（図1-4a, b）。この他，GPSの時刻とデジタルカメラの時刻を正確に合わせておき，後部座席に乗っている松山は，（現在どこにいるかは気にせず）とにかく車窓の写真を撮影しまくるという方法でも地上検証データを取得しました（図1-5）。後者については後処理で，デジタルカメラとGPSの時刻を介して地理情報（場所と属性がセットになった情報）に変換していました。水田地帯では，地表面状態が突然変化するので（図1-5），どこで撮影した写真であるのか，

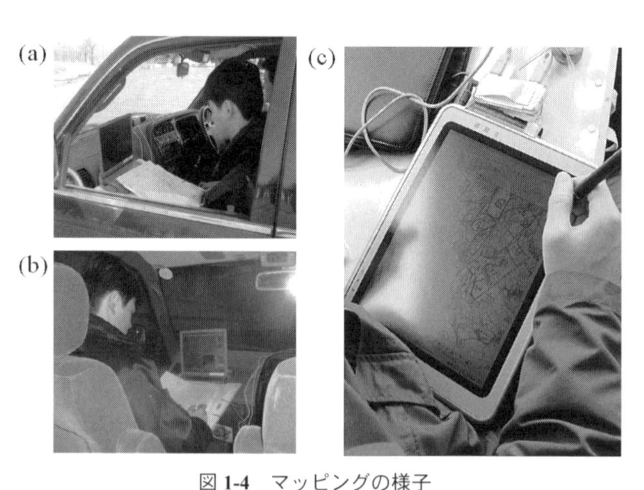

図1-4　マッピングの様子
(a）および（b）紙地図とノートパソコンを用いたマッピング，
(c)タブレットPCを用いたマッピング。島村ほか(2007)を改変。

図 **1-5**　車窓から捉えた地表面状態の変化（**2002** 年 **3** 月 **9** 日撮影）

リアルタイムで把握するのは困難だったのです。

実際に積雪マッピングをしてみると，紙地図を用いた方法はあまりにも効率が悪く，その問題点も指摘されていました（例えば東明, 2002）。そこで，2005 年以降は GIS をインストールしたタブレット PC と GPS をつないだマッピングシステムを構築しました（島村ほか, 2007）。画面上に電子地図を表示し，電磁誘導ペンを用いてそこに直接積雪の有無を記入するようにしたのです（図 1-4c）。

このマッピングシステムは現地調査の効率を飛躍的に向上させました（図 1-6）。まず，電子地図に直接書き込むことによって，現在地を知るのにノートパソコンの画面と紙地図を見比べる必要がなくなりました。また，電子地図の導入により，紙地図の図幅を交換する必要がなくなりました。これによって，2 万 5 千分の 1 図幅 4 枚分の範囲を調査するのに必要な時間は，紙地図の場合 2.5 時間のところ，電子地図の場合は 1.0 時間になりました。短縮された時間は，現地で，より広範囲を調査するのに費やされるようになりました。

このように，入力作業については大幅な時間短縮が実現したものの，現地でタブレット PC に入力したデータを，後日清書する編集作業については，それほど時間が短縮しませんでした（図 1-6, 2 万 5 千分の 1 の図幅 4 枚分の範囲を清書す

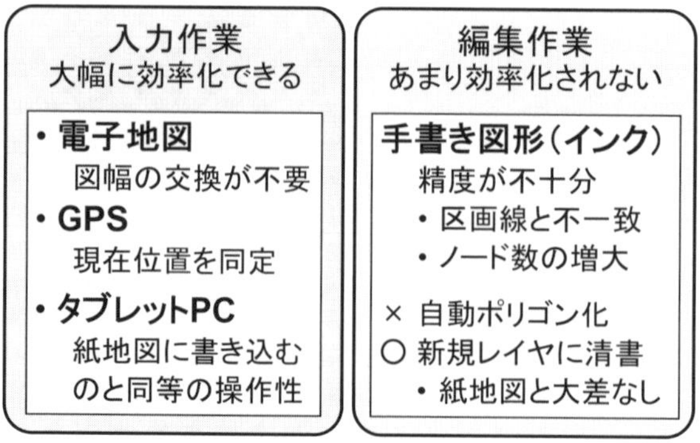

図 **1-6**　タブレット **PC** の導入によるマッピング作業の効率化に関するまとめ

るのに，紙地図の場合 5.5 時間，電子地図の場合 4.5 時間)。これは，手書き図形の精度が不十分であり，手書きの土地区画線が電子地図のそれらと完全には一致しなかったこと，ノード数が増大して処理に負荷がかかったことなどが原因として挙げられます。当時は自動ポリゴン化などの技術が十分に発達しておらず，結局，新規レイヤに清書することで最終的な図を作成していました。そのため，電子地図と紙地図とでは，編集作業に必要な時間は大差なかったのです（図 1-6)。

2005 ～ 2006 年頃はタブレット PC の市場規模が小さく，このシステムを改良するのは難しいと考えていました。しかしながら，2012 年に公開された Windows 8 によって，タブレット PC はかなり一般的なものとなりました。そのため，「(2007 年に亡くなった）島村さんが，現在のパソコン事情を見たらどう思うだろうか？」と折に触れて思うのです。

2012 年 3 月には，360 度カメラと高精度な GPS などにより構成された車載型 MMS（モバイルマッピングシステム）を導入しました。このシステムは車で走行するだけで，その周辺の画像と位置情報を自動記録し，さらに，取得した画像を自動でステレオ視することにより画像内に写った地物の位置まで推定できるという優れものです。このシステムと一緒に導入したのが第 6 章で紹介する UAV（無人航空機）です。これは本章で紹介したフィールドでの格闘中に芽生えた問題意識やアイデアを具現化したもので，我々の意志と遺志が息づいています。

（泉 岳樹・松山 洋）

【コラム 2】

山岳積雪調査

島村さんを含む筆者たちは，本章およびコラム 1 で述べた積雪マッピングの前か後に，新潟県 巻機山（図 1-1a）で山岳積雪調査を行ってきました。すなわち，1 回の調査は 3 泊 4 日，予備日を含めると 4 泊 5 日の日程でした。当時（2000 年代前半）はこれを衛星 Landsat がやってくる 16 日ごとにしていたわけですから，筆者たちにもパワーがありました。この山岳積雪調査の目的は，Landsat の画像解析に基づく積雪域の抽出結果と合わせて，巻機山を流域界に含む魚野川流域の水資源量を把握することにありました。

積雪を溶かして水にした時の深さのことを積雪水量といい，積雪水量は長さの単位（普通は mm）で表されます。積雪水量のよいところは，降水量，蒸発散量，流出量を mm で表した際，これらと直接比較できることです。なお，積雪深も長さの単位（普通は m か cm）で表しますが，積雪水量と積雪深は全く異なります。冬の始まりの降り始めの雪（新雪）が 1 m 積もっているのと，雪解けの季節の雪（しまり雪）が 1 m 積もっているのでは，同じ積雪深 1 m であっても溶かして水とした時の量，すなわち積雪水量は全然違うのです。新雪の密度は 0.10 ～ 0.15 g/cm^3, しまり雪の密度は 0.50 ～ 0.60 g/cm^3 ぐらいですから（例えば, 山崎 , 1994），積雪水量に直すと両者の値は 3 ～ 6 倍違ってくるのです。

積雪水量（mm）を求めるためにはまず積雪深（cm）を測り，それに積雪の全層密度（積雪表面から地表面までの密度の平均値，g/cm^3）を乗じ，10 倍して単位を換算します（cm → mm）。積雪深を測るのには測深棒を使います（図 1-7）。測深棒は，金属製の長さ 65 cm の棒が 8 本セットとなっていて，最大 5 m までの積雪深を測定できます。また，積雪深は 1 m くらい離れたところであっても大きく異なる場合があるため，筆者たちは周囲 5 カ所で測って，その中央値をその場所の代表値としています。なお, 積雪深が 5 m を超えるようなところでは, スノー

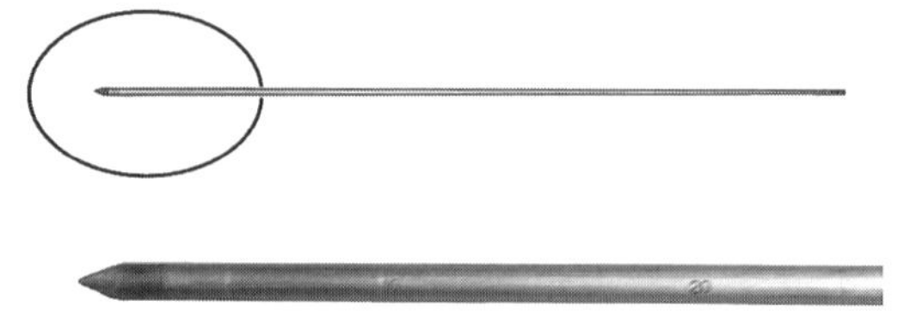

図 1-7　測深棒の例
上：連結したもの，下：先端部。松山（2008）による。

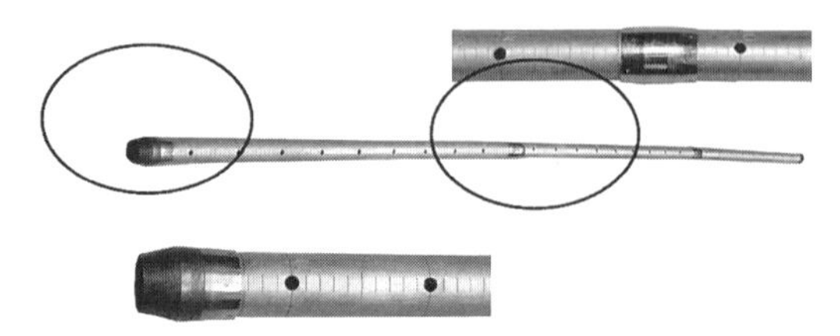

図 1-8　全層サンプラーの例
上：連結部，中：連結したもの，下：先端部。
松山（2008）による。

図 1-9　全層サンプラーを用いた
全層積雪密度の観測
(a) 刺込，(b) 採雪，(c) 測重。松山（2008）による。

スコップで雪を掘り下げてから積雪深を計測します。

積雪深の代表値が得られると，次にその場所でスノーサンプラーを用いて全層密度を計測します（図 1-8）。スノーサンプラーは，断面積 20cm^2，長さ 70 cm の筒が 5 本セットとなっており，深さ約 3 m までの全層密度を一度に求めることができます。筒には 10 cm ごとに目盛が振ってあり，採取した積雪の体積をその場で暗算で求められます。スノーサンプラーの先端は採取した雪を逃さないような構造になっていますが（図 1-8），現場では雪がこぼれないよう二人がかりで作業します（図 1-9b）。採取した雪はスノーサンプラーの反対側からビニール袋に移し替え，ばねばかりで重さを測ります(図 1-9c)。体積と重さが分かりますので，その場で積雪の全層密度が分かります。

積雪密度の別の測り方として，縦穴（スノーピットと言います）を掘り，一定間隔ごとに計測する方法もあります（図 1-10）。この時に用いるのは密度サンプ

図 **1-10**　密度サンプラーを用いた層別積雪密度の観測
松山（2008）による。

ラーという測器であり，断面に刺すことで 100 cm^3 の雪を採取できます。重さは携帯用の電子天秤(図 1-10 の○で示しました)で測ります。雪は上から順に積もっていき，下の方にある雪は上から押されて密度が大きくなります。そのため，降雪期のスノーピットでは，上の方ほど密度が小さく，下の方ほど密度が大きくなります。スノーピットの観測では，このような積雪密度の鉛直方向の違いが分かるという利点がありますが（例えば，松山，1998a），その一方，雪が深くなるとスノーピットを掘るのが，時間的にも体力的にも重労働になります。

筆者たちは，この調査を巻機山麓の A 地点（標高 600 m）から G 地点（標高 1,550 m）まで 6 カ所で行ってきました（図 1-11）。前日に B 地点（東京大学ワンダーフォーゲル部 巻機山荘，標高 740 m）に宿泊し，ここから日帰りで登山しながら調査します。時間的に余裕があり，かつ好天の時には G 地点より先に行くこともありますが，それは稀です。現場では，山スキー（かかとが上がって登行できるスキー）にシール（滑り止め）をつけて調査地点まで登ります。帰りは，シールを外して天然の斜面を自由に滑ってきます。

山岳積雪調査は，調査以前に冬山登山であり，3 月下旬には冬型の気圧配置になって降雪になることもあります。しかし，屋根がありガスが使える巻機山荘が山麓にあること，日帰りであること，そして G 地点の直下が森林限界となっていることから，よほどの悪天候でない限り調査を行います。もちろん，日帰りであっても，冬山登山に十分な個人装備と共同装備（具体的には松山，2015 の表 1

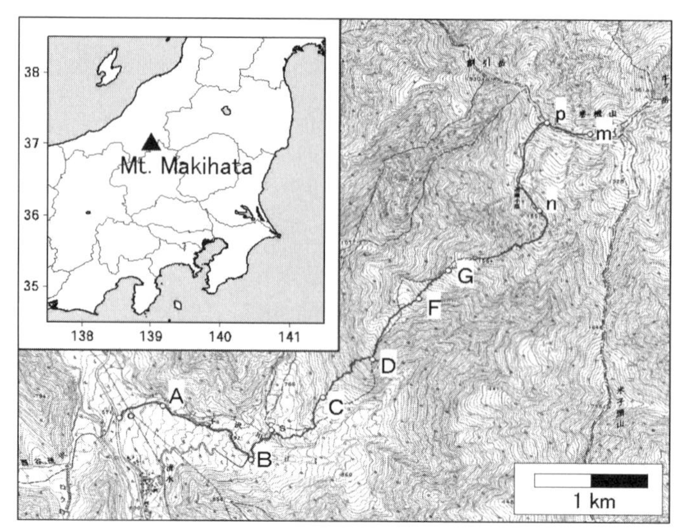

図 **1-11**　巻機山における山岳積雪調査のルートマップ
A～Gおよびn，p，mが観測地点。mは巻機山頂。松山（2008）による。

を参照）を持っていきます。

図 1-12 に, 2002 年春の調査結果を示します。森林限界（標高 1,550 m）以下では, 積雪水量は直線的に増加します。これは従来の研究で言われていることですが（例えば, 松山 , 1998b）, 巻機山の場合, 図 1-12 の直線の傾き（これを高度分布係数と言います）が日本の典型的な値の 2 倍くらい（約 2,000 mm/1,000 m）になり, 巻機山は多量の積雪を貯えていることが分かります。また, 森林限界上では, 計測可能な尾根上にある積雪水量の値は, 標高と無関係で約 500 mm になっています。これは, 風による積雪の再配分の影響であり, 谷状のところではおそらく積雪水量の値は大きいのでしょうが, 雪崩の危険があるためそのようなところには怖くて立ち入れません。

図 1-12 の結果を元に Landsat の画像解析と組み合わせて魚野川流域の積雪水資源量を求めると, 森林限界以下の積雪水量の高度分布を森林限界上も外挿した場合（従来の研究はこのような例が多かったです）と, 森林限界上の積雪水量は一律 500 mm とした場合とでは, 流域全体の積雪水資源量は約 10 % 異なりました（島村ほか , 2005）。魚野川流域の場合, 積雪水量は最大で 4,000 mm となる箇所があること, また, 日本の年降水量が 1,700 ～ 1,800 mm であることを考えると, 10

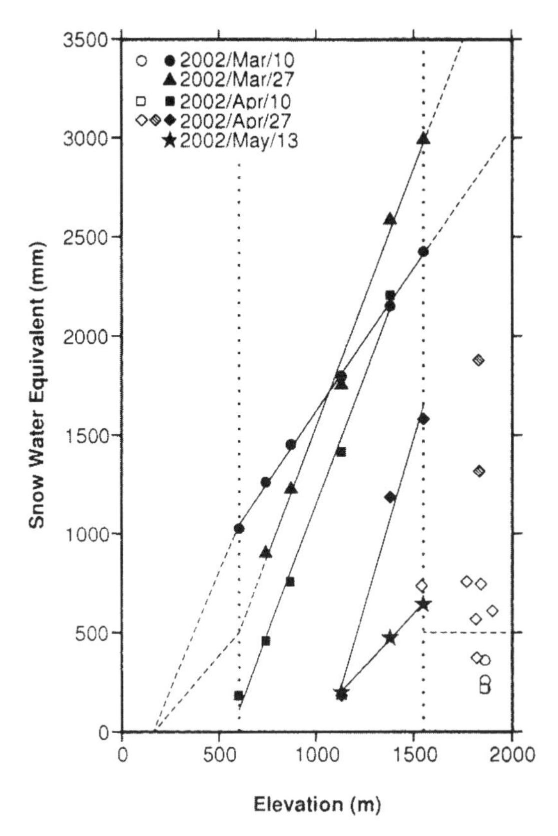

図 1-12　巻機山における積雪水量の高度分布（**2002** 年春）
島村ほか（2005）による。

% の違いは無視できない大きさであると言えます。

最近は，さすがにこのような山岳積雪調査を 16 日ごとに行う時間的余裕も体力的余裕もなくなってきました。しかしながら，山岳積雪水量が年間最大となる，融雪直前の 3 月下旬には毎年，筆者たちは巻機山で積雪水量の高度分布を観測しています。当初は，衛星画像解析と合わせて流域の水資源量を求めるのが主目的でしたが，最近では「地球温暖化に伴って，山岳積雪水量は増えているのか？ 減っているのか？」を調べるのが主眼になってきました。この問いに対する答えをすぐに出すのは難しいのですが，毎年 1 つずつデータを積み重ねていけば，そのうち統計的に意味のある結果を得られるのではないかと思っています。そして，そのことをきっと島村さんも望んでいると思います。

なお，巻機山での山岳積雪調査について興味のある方は，科学技術振興機構（2005）も合わせて御覧いただければ幸いです。

（泉 岳樹・松山 洋）

引用文献

廣田 勇 1992. 運と勘―気象学における発見的研究の舞台裏―. 天気 39: 355-361.

科学技術振興機構 2005. 未来を創る科学者達（72）水から見える地球の姿 . http://sciencechannel.jst.go.jp/I026904/detail/I056904072.html.（2016 年 1 月 11 日確認）

松山 洋 1998a. 巻機山における積雪密度・積雪水当量の季節変化と高度分布．水文・水資源学会誌 11: 117-127.

松山 洋 1998b. 日本の山岳地域における積雪水当量の高度分布に関する研究について．水文・水資源学会誌 11: 164-174.

松山 洋 2008. 山地流域の積雪水資源量の把握―新潟県巻機山周辺を事例に . 電力土木 No. 333: 6-11.

松山 洋 2015. 自然ツーリズムと災害―自然災害のリスク管理として―. 菊地俊夫･有馬貴之編『自然ツーリズム学』朝倉書店 : 123-133.

島村雄一・泉 岳樹・松山 洋 2005. スノーサーベイとリモートセンシングに基づく山地積雪水資源量の推定―新潟県上越国境周辺を事例に―. 水文・水資源学会誌 18: 411-423.

Shimamura, Y., Izumi, T. and Matsuyama, H. 2006. Evaluation of a useful method to identify snow-covered areas under vegetation−Comparisons among a newly-proposed snow index, normalized difference snow index, and visible reflectance−. International Journal of Remote Sensing 27: 4867-4884.

島村雄一・泉 岳樹・松山 洋 2007. タブレット PC を用いた高速マッピングシステムの構築とこれを用いたグランドトゥルースの取得―新潟県中越地方の積雪調査の例―. 地学雑誌 116: 749-758.

東明佐久良 2002.『完全図解 ビジュアル GIS』オーム社 .

鈴木秀夫 1961. 冬型降水の及ぶ範囲について . 地理学評論 34: 321-326.

山崎 剛 1994. 積雪と大気 . 近藤純正編『水環境の気象学』朝倉書店 : 240-260.

生を調べる

森林の分光反射特性の観測

❖ この章で取り上げるフィールド調査の教訓

諦めるなら現場で諦めたい

(1) 離れたところの天候判断は難しい。

(2) それでも，できる限りのことはやろう。

第2章では，第1章にも出てきた「諦めるなら現場で諦めたい」というエピソードを紹介したいと思います。これは，2007年度に八ヶ岳山麓のカラマツ林（落葉針葉樹林）で行った，植生の観測に関する話になります（図2-1）。

2007年4月に，首都大学東京 都市環境科学研究科 博士後期課程に進学した長谷川宏一さん（現：駒澤大学高等学校 理科 専任教諭 および 首都大学東京 地理学教室 協力研究員）は，衛星リモートセンシングで植生の分布はある程度精確に捉えられるものの，葉量は精確に捉えられないことを，何とかして改善したいと思っていました（図2-2）。葉量（具体的には葉面積指数と言い，単位面積当たりの葉（片面）の面積（m^2/m^2）を表します。【コラム3】参照）は，植生と大気との間の熱，水，微量気体のやり取りを司る重要な変数の一つであり，日々の天気予報や地球温暖化予測などを行う多くの気象モデルにはこの変数が入っています（例えば Sellers et al., 1996）。この，人工衛星から葉量を精度よく推定する方法の一つとして，長谷川さんは博士前期課程で取り組んだ，多方向からの放射観測（斜め観測）の結果を複合的に用いる植生リモートセンシングに着目していました（図2-3）。

緑葉は，可視域（私たちが色を識別する0.4～0.7μmの波長帯，1μm= 1 × 10^{-6} m）の光をよく吸収し，近赤外域（波長0.7～1.3μm）の光をよく反射します（後述

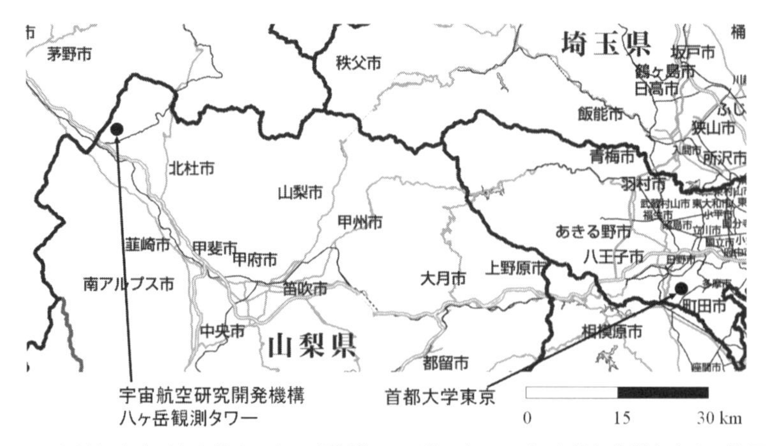

図 2-1　研究対象地域（宇宙航空研究開発機構 八ヶ岳観測タワー）と首都大学東京との位置関係
白地図 com (http://hakuchizu.com) の【地方図】関東地方＋長野県 を元に作成。

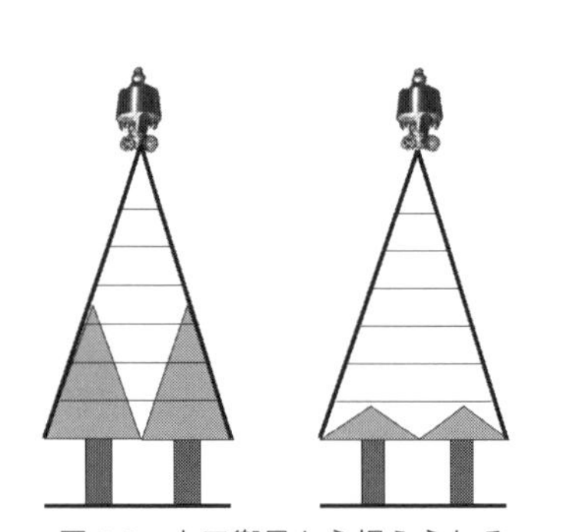

図 2-2　人工衛星から捉えられる植物の葉の分布と葉量との関係
どちらも，衛星から直下を見た時には一面緑葉に覆われているが，葉量は左の森林の方が多くなる。長谷川宏一さんによる。一部修正。

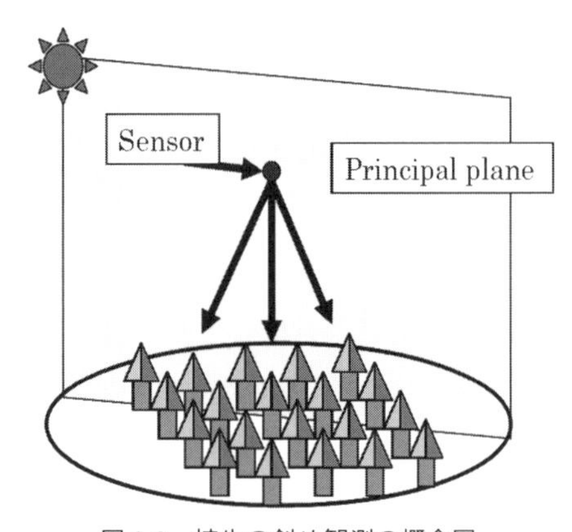

図 2-3　植生の斜め観測の概念図
太陽，測器（Sensor），対象物（この場合森林）が同一平面上にある時，この面を Principal plane という。Hasegawa (2013) による。

の図 2-8 参照）。このような波長別の反射率のことを分光反射率といい，波長によって反射率が異なることを分光反射特性と言います。緑葉が可視域の光をよく吸収するのは，この波長帯の光を利用して光合成を行うため，近赤外域の光をよく反射するのは葉温が上がりすぎないようにするためであり，自然はよくできているものだと思います。

しかしながら，この分光反射率は，太陽と観測者，対象物の位置関係により変化します。このことを方向別分光反射特性と呼びます。詳細は専門的になりすぎるので省略しますが，長谷川さんはこの方向別分光反射特性を利用することによって，葉量や森林の立体構造を捉えられる可能性を指摘し，実際にアラスカおよびカナダの北方林を対象として，このことを実証的に示したのです（Hasegawa et al., 2010）。この観測的研究が長谷川さんの修士論文になりましたが（長谷川，2007），森林の方向別分光反射特性がどのように季節変化するかは，観測自体が図 2-3 ～ 2-5 に示すような大がかりなものになるため（まず，測器とともに森林の樹冠上に出なければならない，あるいは測器を搭載した航空機を飛ばさなければならない），これまで，世界中のどの植生についても明らかにされていませんでした。長谷川さんは博士後期課程で，この問題に取り組むことにしたのです。

観測場所は，山梨県北杜市小淵沢町にある宇宙航空研究開発機構の八ヶ岳観測タワーです（図 2-1）。なぜ，宇宙航空研究開発機構と縁もゆかりもない長谷川さんが八ヶ岳観測タワーで観測できたのかというと，それは，松山が研究代表者として，2006 年度から千葉大学環境リモートセンシング研究センターと共同利用研究を行っていたためです。八ヶ岳観測タワーでは，千葉大学環境リモートセンシング研究センターの本多嘉明先生と梶原康司先生が長年観測を行っており，共同利用研究の枠組を通じて，筆者たちも観測を行えるようになったのです。現場では，樹冠上に出た高さ約 25 m のタワーから水平にアームを伸ばし，その先端に観測角度を変えられる装置を取り付け，そこに分光放射計，ビデオカメラ，デジタル傾斜計を取りつけます(図 2-4)。人員も, タワー上で作業する者 2 人, ロープを使って地上とタワー上の荷物を運搬する者 1 人（図 2-5），全体の作業の安全や天候状況を見守る者 1 人で，最低 4 人必要になります。観測は，長谷川さんと泉 and/or 松山，および研究室の協力者 1 ～ 2 人という体制で行いました。

放射計を用いた分光反射特性の現地観測は，雲一つない晴天の日に 1 日がかりで行いますので, 必ず宿泊を伴います。また, 観測機材が多く, 首都大学東京から八ヶ岳観測タワーまでは主として大学の庁有車を利用して往復するため，車両の手配も必要です。調査協力者の日程調整も必要であり，思いついた時に出かけるわけにいかないこと，そして後述する天候判断が，この観測の難しいところでした。

冒頭で述べたように，八ヶ岳観測タワー周辺にはカラマツ（落葉針葉樹）が広く分布しています（図 2-5）。落葉樹は春先に開葉するため，緑葉がある時とな

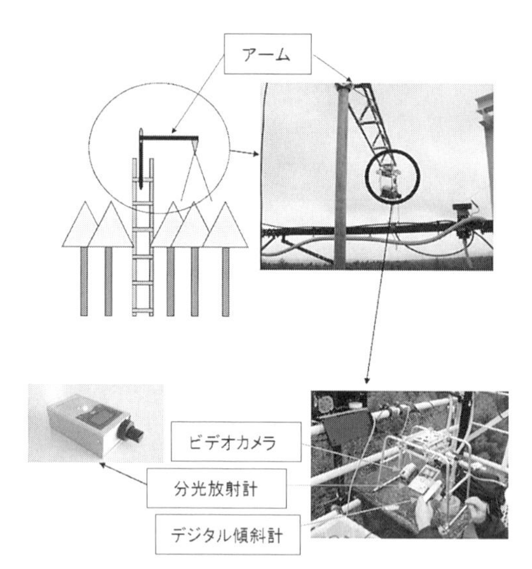

図 2-4　八ヶ岳観測タワーにおける観測の様子
Hasegawa (2013) による，一部修正。

図 2-5　(右上) 地上から見上げた八ヶ岳観測タワーと，(右下) タワー上へ荷物を運搬している様子

い時とでは方向別分光反射特性も大きく異なることが予想されます。そのため，2007 年の春（長谷川さんの博士後期課程 1 年目）には頻繁に八ヶ岳観測タワーに出かけることになりました。首都大学東京と八ヶ岳観測タワーとの直線距離が約 100 km であったことも頻繁な観測を可能にし（図 2-1），それまでに 2007 年 4 月 20 日（開葉前）と 4 月 27 日（葉の開き始めの時期）のデータは無事取得できました。そして，問題となった 5 月 10 ～ 11 日の観測を迎えたのです。

八ヶ岳観測タワーにおける観測条件として，(1) 雲一つない晴天であること，および，(2) 風が強くないことが挙げられます。(1) は，雲の影や空気中の水蒸気が緑葉の方向別分光反射率に及ぼす影響を最小限にするための条件です。また (2) は，高さ約 25 m のタワー上で安全に作業するための条件であり，これまでの経験から，近接する AMeDAS 大泉での風速が 2 m/s を超えるとタワー上ではものすごく風が強く，図 2-4 のアームを水平に伸ばすことができませんでした。

2007 年 5 月 11 日には，発達した低気圧が日本の東海上に抜けて移動性高気圧

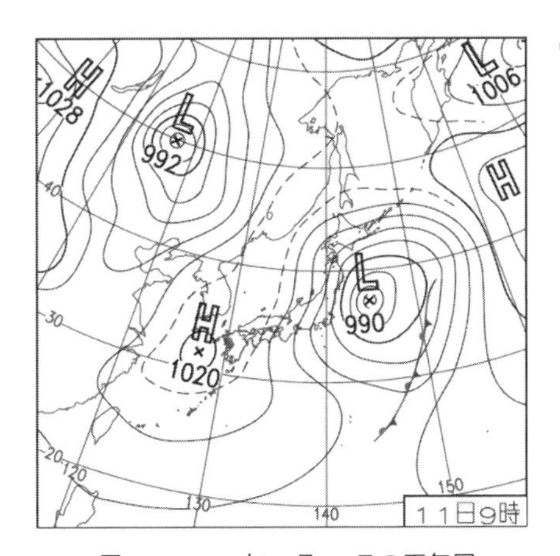

図 2-6　2007 年 5 月 11 日の天気図
気象庁の Web Site（http://www.data.jma.go.jp/fcd/yoho/data/hibiten/2007/200705.pdf）による。

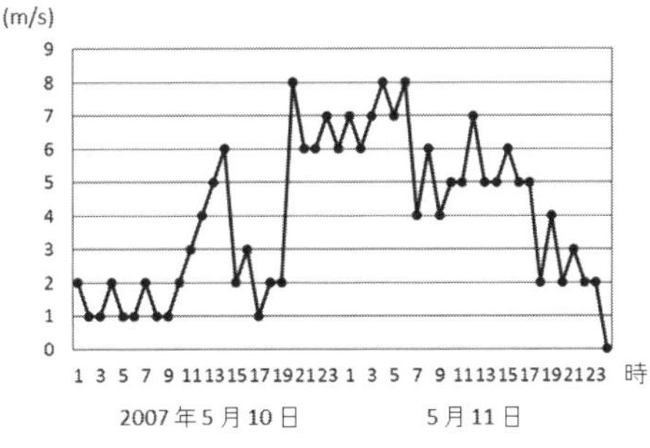

図 2-7　2007 年 5 月 10 ～ 11 日の AMeDAS 大泉における風速の時間変化

が西から移動してきており，高気圧から低気圧に向かう気流によって現地は強風になる可能性が十分考えられました。その一方，晴れも確実の状況でした（図 2-6）。後付けになりますが，5 月 10 ～ 11 日の AMeDAS 大泉における風速の変化を図 2-7 に示します。この図より，5 月 10 日の夜間から 11 日の日中にかけて，2 m/s を超える風が吹き続いたことが分かります。

調査を決行するかどうかを早めに決断しないと多方面に迷惑が及ぶため（参加者，宿泊先，車両など），予想天気図を見ながら首都大学東京から約 100 km 離れた八ヶ岳観測タワーの天気を推定しなければなりません。この時の観測でも，泉は図 2-6, 2-7 の状況を鑑み，タワー上でのアームを使用した観測は極めて困難と判断して長谷川さんに観測中止を勧告しました。その時，長谷川さんの口から飛び出た発言がこれでした。

「諦めるなら現場で諦めたい」

5 月 10 ～ 11 日のカラマツはまさに開葉中であり，大きな変化をとげている最中でした。すでに 4 月 20 日と 27 日の 2 回の観測に成功していたこと，開葉後の観測はこの先も可能ですが，「開葉中のデータは今しか取れない！」という気持ちが，長谷川さんにこのような言葉を発せさせたのです。この殺し文句で観測は決行となりましたが，現場は強風で，結局アームを水平に伸ばすことはできませんでした。

しかし，どうしてもデータ取得を行いたいという熱い思いに応え，最終的には長谷川さんの体を登山用の確保用具を用いてタワーにくくりつけ，タワー最上階から身を乗り出して観測角度を変えながら観測を行うことになりました。ここらへんは根性論ですが，5月11日の観測結果を前後のそれらと比較したところ，この時の反射率の値が，ちょうど前後の観測値の真ん中に来るという考察可能な精度の結果が得られていたことが判明したのです。すなわち，現場でも諦めず，ど根性で取得した貴重なデータは，葉の状態が変化する途中の状態を捉えており，長谷川さんの博士論文でも使用することになったのです（Hasegawa, 2013）。

第1章で紹介した積雪分布に関する衛星同期実験と比較すると，今回の植生調査は格段に難しいです。衛星同期実験に出かける時には，その前か後に山岳積雪調査（島村ほか, 2005）を行うことになっていましたから，衛星同期実験自体は「データが取れればラッキー！」ぐらいの位置づけでした（それでも第1章で紹介したように，現地では雲量10であっても雲がなさそうなところを目指して移動し，何とかして使えるデータを取得しようと努力するわけですが …）。そのため，衛星同期実験に関しては，使えるデータを取得できたのは通算で約3割というところでした。一方，植生調査は，意味のあるデータを取得するためには，確実に晴れる日かつ静穏な日を狙って出かけなければなりません。約100 km離れた八ヶ岳観測タワーにおける翌日や翌々日の天気を，出発前に東京で見極めるのは，胃が痛くなる場合がある難しい判断でした。

積雪にせよ植生にせよ，現地調査によって得られた貴重なデータは公表しなければなりません。八ヶ岳観測タワーで取得した貴重な方向別分光反射特性の季節変化のデータを解析し，2013年3月に晴れて博士(理学)となった長谷川さんには，学位を取得して一息ついたところでもありますし，博士論文の内容を対外的に公表するのを期待したいところであります。

（泉 岳樹・松山 洋）

追 記

学位を取得して一息ついた長谷川さんは，博士論文の第1章の内容を総説としてまとめて日本リモートセンシング学会誌に投稿しました。これは最近，長谷川ほか（2016）として同誌に掲載されました。しかしながら，彼には，カラマツ林における方向別分光反射特性の季節変化のデータを世界で初めて取得して解析した，博士論文第2章の公表という大仕事がまだ残っています。

【コラム 3】

正規化植生指標（NDVI）と葉面積指数（LAI）の観測

本章で述べたように，植物の緑葉は可視域（0.4 ～ 0.7μm）の光をよく吸収し，近赤外域（0.7 ～ 1.3μm）の光をよく反射します（図 2-8）。この図には，植物（緑葉）のほか，土（シルト粘土），水（きれいな水）の分光反射率も一緒に表されています。植物の場合には，可視域の低い反射率が 0.7μm付近を境として急に高い反射率に変化するという特徴があります。一方，土の場合は可視域から近赤外域にかけて反射率が徐々に高くなっていきます。水の分光反射率は全般的に低くなっていますが，0.49μm付近で最大になります。

0.49μm付近は可視域の青域に相当します。水の反射率がこの波長帯で最大になるため，きれいな水は青色に見えるのです。一方，植物では可視域の反射率は全般的に低くなっていますが，その中でも 0.55μm付近の反射率が相対的に高くなっています。0.55μm付近は可視域の緑域に相当します。そのため，植物の葉

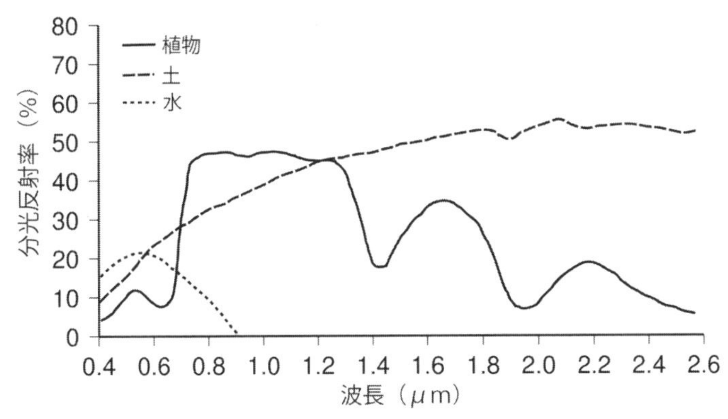

図 2-8　植物，土，水の分光反射率
日本リモートセンシング研究会（2004）により作成。

は緑色に見えるのです。私たちの目は，じつは可視光のセンサでもあるのです。

リモートセンシングに基づいて，センサが捉えているものが何であるかを知るためには，その物体の分光反射特性を知っておかなければなりません。例えば，植物の葉の場合には，「可視域で反射率が低くなり，近赤外域で反射率が高くなる」ということです。ここで，単に「植物は近赤外域で反射率が高くなる」という特徴だけでは，植物と土が混在した場合，近赤外域の観測だけで両者を区別することができません（図 2-8 の 1.2μm付近の反射率が，両者でほぼ等しくなっていることに注意して下さい）。そのため，「可視域で反射率が低くなり，近赤外域で反射率が高くなる」という緑葉の特徴をいかし，両波長帯の反射率を使って植物を抽出することが行われています。

NDVI

植物の葉は 0.7μm付近を境に急激に反射率が高くなります。そのため，「近赤外域の反射率（NIR）と可視域（多くの場合 0.65μm付近の赤域）の反射率（Red）の差」を計算すると，地表面が緑葉に覆われている場合，この値は大きくなります。実際には，「NIR-Red」を「NIR+Red」で割るという演算（式 2-1）が行われます。

$$\mathrm{NDVI} = \frac{\mathrm{NIR} - \mathrm{Red}}{\mathrm{NIR} + \mathrm{Red}} \qquad (2\text{-}1)$$

式（2-1）左辺の NDVI は正規化植生指標と呼ばれるもので，Normalized Differential Vegetation Index の頭文字をつないだものです。式（2-1）の計算結果は必ず -1 ～ +1 の範囲に収まるため，数学的にも扱いやすいのです（単位は無次元になります）。ただし，植物の緑葉に対しては原理的に，NDVI は必ず正になります。

このような NDVI を算定するためには，分光放射計を用いた観測がなされます（図 2-4）。分光放射計をタワーのアームの先端に設置したり，人間が持って森林を見下ろすやぐらに上がってみたり，UAV（無人航空機，第 6 章参照）に取りつけてみたり，と観測方法は様々です。本研究室で使用している分光放射計は，英弘精機株式会社製の MS-720 というもので，0.35 ～ 1.05μmの可視～近赤外域について 0.02μmごとに，物体が，太陽光を分光放射計の方向に反射する量（W/

m²/Sr）を観測できます（図 2-9，Sr は立体角の単位）。なお，式（2-1）で必要なのは可視域および近赤外域の反射率（%）なので，森林の分光反射率を観測する際には，森林上で太陽光の分光反射量を観測すると同時に，その付近で標準白色板からの分光反射量（W/m²/Sr）も計測します（図 2-9）。ここで標準白色板とは，太陽光を 100 % 等方散乱する板のことであり，本研究室ではオーシャンフォトニクス社の「スペクトラロン反射標準“12”，99 %」を使用しています。つまり，森林の分光反射率を求めるためには分光放射計が 2 台必要であり，その結果，式（2-1）によって NDVI が算定できるのです（正確には，このようにして計測された反射率を「反射係数」と呼びますが，ここでは「反射率」という用語で統一します）。

このようにして得られた NDVI と本章で述べた葉面積指数（Leaf Area Index, LAI）の間には関係がありますが，両者は単純な線形の関係ではありません。NDVI と LAI の関係は指数関数で近似され，ある程度 NDVI が大きくなると，NDVI のわずかな違いが，大きな LAI の違いを表すことになります（図 2-10）。そのため，NDVI から LAI を算定するのに，Sellers et al.（1996）では全世界を 9 つの植生帯に分け，算定式とそれに必要なパラメータを示しています。Sellers et al.（1996）では，衛星画像解析によって得られた NDVI を用いて全球の LAI を推

図 **2-9**　標準白色板を用いた放射量の観測
酒井健吾さんによる。

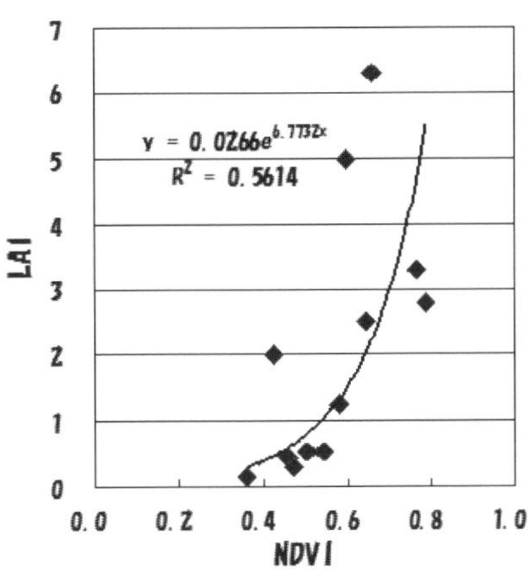

図 **2-10**　直下方向を観測した場合の **NDVI** と **LAI** との関係
Hasegawa et al. (2010) による。

定し，それを大気大循環モデルに組み込むことが想定されています。しかし，より正確にNDVIからLAIを推定するためには，算定式の精度を検証するために，一度はLAIを現場で観測しておく必要があります。

LAIの間接推定

LAIの観測には直接推定法と間接推定法があります。直接推定法には，(1) 樹木を切り倒して葉を採取しその葉面積を数える刈り取り法（このコラムの最後で述べます）と，(2) 落葉樹林の中に網を仕掛けておいて，落ちてくる葉を捕捉するリタートラップ法があります（図2-11）。これらの方法は直接葉面積を測るわけですから，信頼度が高いというメリットがあります。一方，刈り取り法では樹木を切り倒すわけですから時系列変化を追えず，測定が大変というデメリットもあります。リタートラップ法の場合には刈り取り法ほど測定は大変ではないものの，落葉樹が落葉する時期しか適用できないというデメリットがあります。なお，リタートラップ法とは，「葉量が最大となる時期以降，一定期間ごとに落ちた葉を拾い集めて葉面積を測っておき，葉が落ち切った時期から遡って，LAIの時系列を求める。」というもので，後述する間接推定法と比較した場合，LAIの季節変化の様子がよく合致することが，例えば塚本・文字（2001）によって示されています。

間接推定法には，上述した (3) 衛星画像からLAIを推定する方法や，(4) 森林内外の光環境に基づいてLAIを推定する方法があります。後者は，(4-1) 森林内外で可視光を計測する方法と，(4-2) 魚眼レンズを付けたカメラで全天写真を

図 **2-11**　リタートラップ法の例

撮影する方法に分けられます。これら間接推定法では,広域のLAIを推定したり,手軽に測定ができたりするというメリットがある反面,直接推定法と比較すると,どうしても推定値の信頼度が低くなるというデメリットがあります。

「(4-1) 森林内外で可視光を計測する方法」では，プラント・キャノピー・アナライザーという測器（LI-COR社製LAI-2000，以下LAI-2000）を用います（図2-12）。測定の原理は，「葉量が多いと可視光がよく吸収されるため，林床の可視光は減少する。」というものです。そして,森林内外で魚眼可視光センサーによって各方位の可視光（0.49μmよりも波長が短い光のみ）を測ることにより，その違いからLAIを逆推定するのです。0.49μmとは可視域の青域であり，ここよりも波長の短い光を葉はよく遮断します。そのため，葉が多ければ多いほど林床に届く光の量は減ると考えるわけです。ただしこの測定原理には,「森林内では葉がランダムに分布していること」という前提条件があります。実際には葉が集中して分布する場合があり，葉が重なっていると，LAI-2000の測定の前提条件が崩れるため，LAI-2000を用いた推定値は，直接推定法で求めた値よりも小さくなることがほとんどです。

この場合，森林内外で計測を行いますから，LAI-2000は2台必要です。1台は林外で森林の影響が極力小さくなるようなところに，水準を取ってセットします。一方，林内では平均的なLAIを求めるため，林内でバラつくように定めた複数地点（本研究室では，多くの場合5カ所）で観測を行います。積雪調査の時もそうでしたが，観測地点の数は現場での作業と解析の手間を考えて，試行錯誤で決め

図**2-12**　プラント・キャノピー・アナライザー（**LAI-2000**）を用いた測定の様子

ています。なお，LAI-2000 にはボタンがついており，これを押した時の光環境がデータロガーに記録されます。林内と林外で同じ時刻にボタンを押す必要があるため，現場ではトランシーバーが必需品です。また，LAI-2000 を用いる場合，次で述べる全天写真を撮影する場合，いずれも曇天時または朝晩の太陽高度が低い時に観測を行うことが推奨されています。これは，特に後者の場合，全天写真が光ったものになってしまい，解析に適した写真を撮影することが難しいからです。

「(4-2) 全天写真に基づく方法」(図 2-13) は，「葉隙（図 2-13 の白い部分）が小さいと葉量が多くなる。」という原理に基づいています。私たちが用いているのは，Nikon 社の COOLPIX4500 というデジタルカメラに魚眼コンバージョンレンズ（Nikon 社 FC-E8）を装着し，三脚にセットしたものです。これらを 2 つ用意し，水準を取ったうえで森林内外で同時に写真を撮ります。その際，森林外で

図 2-13　全天写真の例

図 2-14　地上での植生調査の例
(a) 全天写真撮影，(b) 樹高の計測，(c) 林尺を使った胸高直径の測定

オートモードで撮影する時の，カメラのシャッタースピードと露出（レンズF値）を森林内の撮影者に伝え，これと同じ設定で森林内で撮影します（そのため，トランシーバーはやはり必需品です）。森林外の条件に合わせて森林内で撮影する理由は，LAI-2000の観測条件に準じています。すなわち，こうすることで，LAI-2000で計測したLAIと似た値が全天写真でも得られるのです（松山ほか，2003）。なお，全天写真撮影に際して気をつけなければならないこととして，(1)魚眼コンバージョンレンズが滑りやすいので取扱いに細心の注意を払うこと，(2)コンパスを用いて，北が上になるように写真を撮ること，(3)自らの姿が映らないように注意すること，が挙げられます（図2-14a）。

その後は屋内の作業になります。まず，撮影した全天写真を，空と「葉＋枝＋幹」に分けます。これを二値化と言いますが，写真は，設定次第で明るいものにも暗いものにもなります。そのため，カラー写真を見ながら注意深く二値化を行います。その後，二値化した画像を植生画像情報解析プログラムLIA for Win32（http://www.agr.nagoya-u.ac.jp/~shinkan/LIA32/, 2016年1月27日確認）にかけて，LAIを算定します。二値化され「葉＋枝＋幹」になった部分が空間的に集中して重なり合う場合があるため，全天写真を解析した場合に得られるLAIもLAI-2000の場合と同様，直接推定法と比較した場合に比べて小さめの値になる場合がほとんどです。なお，ここで挙げている間接推定法で得られるLAIは，厳密には幹や枝の影響を含みますので，PAI（Plant Area Index）と呼びます。この用語の定義と使い分けについては，長谷川ほか（2013）を参照してください。

LAIの直接測定

最後に，刈り取り法によるLAIの計測方法について，藤原ほか（2005）に基づいて説明します。当時の筆者たちは，「スギと積雪が混在する地表面状態において，LAIがどの程度の値になると，林床の積雪が人工衛星によって捉えられなくなるのか？」に興味がありました。そのため，刈り取り法によるLAIの計測もスギの話になります。

まず，スギ林のおよその高さを測ります（図2-14b）。ここでは，レーザー距離計トゥルーパルス360（Laser Technology Inc. 社製）を用いて計測しています。これは，この森林のLAIを計測するのに，どの程度の範囲を調査しなければならないかを決めるためです。植生を対象とした場合，その植生を代表する種の高さの二乗の範囲を調査すれば，おおよそその植生を代表する情報が得られるとされています（長谷川ほか , 2006）。例えば，高さが 20 m であれば，計測範囲は 20 m × 20 m になりますが，急斜面で調査しなければならない場合などは，適宜，状況判断します。次に，調査地内で原点を決め，コンパスを使って東西—南北方向に計測範囲を設定します。この方向に計測範囲を設定するのが難しい場合であっても，どちらが北であるかは現場で確認しておきます。これは，後で計測結果を作図する際に必要です（図 2-15）。その後，ビニールテープなどを使って，計測範囲内にある樹木を全てマークし，マジックを使って番号を付けます。全て

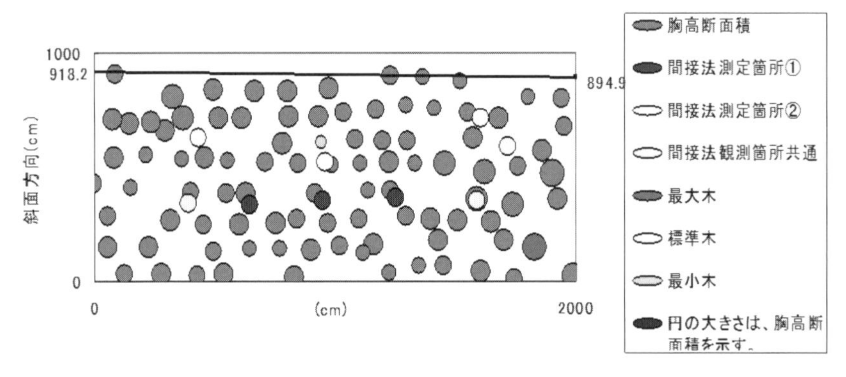

図 2-15　毎木調査の結果
藤原 靖さん作成。

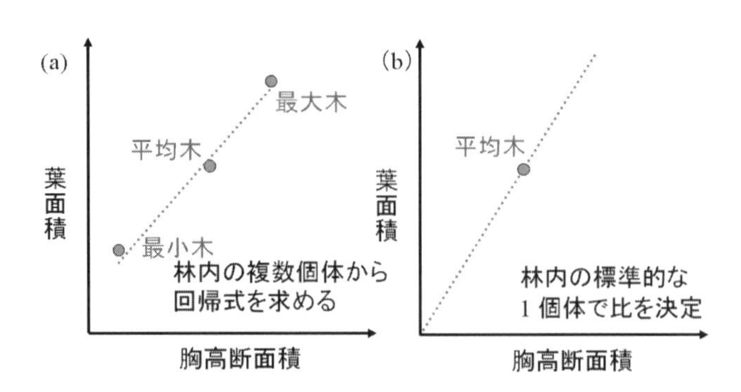

図 2-16　胸高断面積と葉面積の関係
(a) 本研究で採用した方法，(b) 従来の研究で採用されている方法。藤原 靖さん作成，一部修正。

の樹木に対して，原点からの座標（x, y）を取得し，同時に林尺を使って地上高130cmの直径（胸高直径）を測ります（図2-14c）。このことを毎木調査と言い，毎木調査終了後にはビニールテープをはがして原状復帰しておきます。

2003年の夏に東京都檜原村で行った調査の場合には，毎木調査の結果を元に最も太い木，最も細い木，平均的な木を3本選んでそれぞれ伐倒しました（図2-15）。3本伐倒することによって，胸高断面積と葉面積との回帰式を作ることができるのです（図2-16a）。普通は林内の平均的な木を1本だけ伐倒する場合が多いので，手間が3倍かかることになります。なお，従来の研究では回帰式ではなく，平均的な木の測定結果と原点を直線で結ぶことで，胸高断面積と葉面積の関係が得られています（図2-16b）。

次に，伐倒したスギを解体し，全ての枝葉の重さを測ります。スギの葉面積を全て測ることは大変なので，サンプリング調査を行います（図2-17）。その際，従来の研究では上層・中層・下層ごとに代表的な枝葉を1本ずつ抽出し，その枝の葉面積を計測するのに対して（図2-17a，これを層別刈り取り法と言います），私たちは，層別刈り取り法を行ったうえで，さらに，場合によっては層や陰陽も考慮したうえで枝全体の10％を採取して葉面積を計測しました(図2-17b)。なお，スギの葉は立体的構造をしているため，葉面積の測定には工夫がいります。具体的にはKatsuno and Hozumi（1988, 1990）で提案されている方法に従いました（詳細は藤原ほか，2005を御覧下さい）。

図2-17 (a), (b)，いずれの場合も，サンプル枝葉の重量と枝葉全体の重量の比から木1本の葉面積を算出でき，3本の木（最も太い木，最も細い木，平均的な木）の葉面積と胸高断面積から，両者の回帰式を作ることができます。簡単に測れる胸高断面積から，測定が大変な葉面積を推定する回帰式を作るまでの過程が，刈り取り法で最も大変なところです。ひとたび回帰式ができてしまえば，これに基づいて他の木の葉面積も算出できますので，計測範囲内（図2-15）の葉面積の合計を求めることができます。そして，これと計測範囲の面積（斜面では傾斜を考慮する場合もあります）の比を求めることで，LAIを算定できるのです。

2003年の秋に，ここで述べたLAIの測定（LAI-2000と全天写真を用いた方法，および平均的な木1本を伐倒した刈り取り法）を，新潟県中魚沼郡津南町にあるスギ林にて行いました。得られたLAIは4.1でした。「ある年の冬から翌年の春

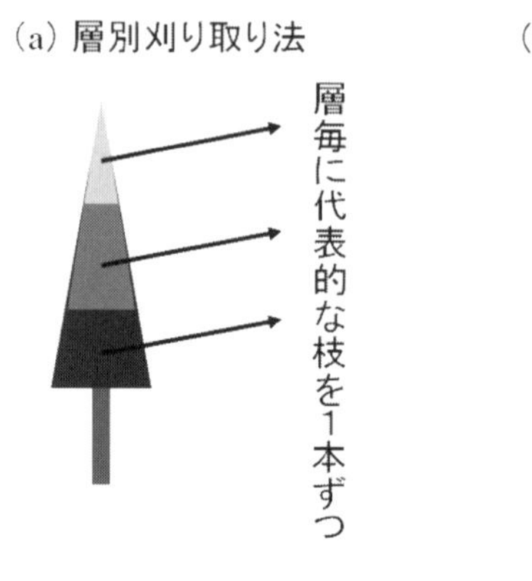

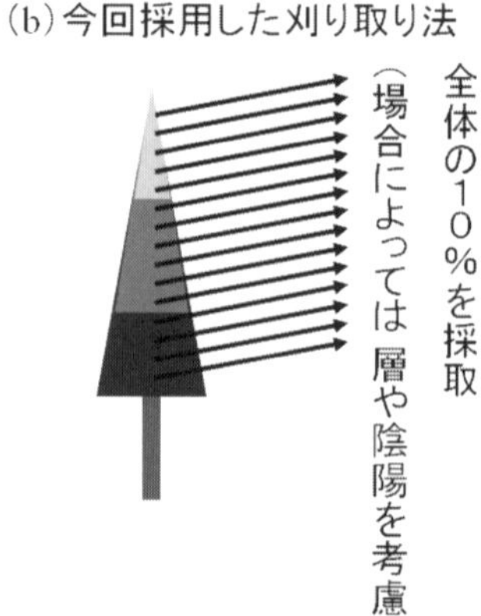

図 2-17　スギの葉のサンプリング方法
(a) 従来の研究で採用されている方法, (b) 本研究で採用した方法。藤原 靖さん作成, 一部修正。

にかけては森林は生長しないだろう」という仮定のもと,「LAIがどの程度の値になると, 林床の積雪は人工衛星によって捉えられなくなるのか?」について調べたところ, このスギ林 (LAI = 4.1) では林床積雪を捉えることができました (Shimamura et al., 2006)。つまり, 上述した問いに答えるためには, LAIがもっと大きなスギ林を見つけなければなりませんが, この宿題はまだ解決していません (果たして, そのようなスギ林があるのかも定かではありません)。天国の島村さんに怒られてしまいそうです。

森林の観測で最も大変なのは,「森林は生長する」ということです。ある時点におけるLAIを苦労して計測しても, 次の暖候期にはそのデータが使えなくなる場合がほとんどです。森林の場合は特に, 必要な観測を計画的に行うことの重要性を, 私たちは身に沁みて感じています。

(泉 岳樹・松山 洋)

引用文献

藤原 靖・長谷川宏一・島村雄一・泉 岳樹・松山 洋 2005. 葉面積指数の直接推定法においてプロセスの違いとそれらの組み合わせが推定値に及ぼす影響—スギ人工林における事例—. 水文・水資源学会誌 18: 603-612.

長谷川宏一 2007. 多方向放射観測データを用いた葉面積指数推定手法の提案 . 首都大学東京 理学研究科 修士論文 .

Hasegawa, K. 2013. Multi-angular optical remote sensing for monitoring dynamic vegetation structure and leaf area index. Ph. D dissertation, Graduate School of Urban Environmental Sciences, Tokyo Metropolitan University.

長谷川宏一・松山 洋・都築勇人・末田達彦　2006. 植生指標を用いた葉面積指数の把握に二方向性反射特性が及ぼす影響 : カナダ北西部における山火事後の遷移段階にある植生を対象に . 日本リモートセンシング学会誌 26:186-201.

Hasegawa, K., Matsuyama, H., Tsuzuki, H. and Sweda, T. 2010. Improving the estimation of leaf area index by using remotely sensed vegetation index with BRDF signatures. Remote Sensing of Environment 114: 514-519.

長谷川宏一・尾身 洋・比留間祐太・熊谷 聡・山本遼介・泉 岳樹・松山 洋 2013. 複数の手法によるスギの葉面積指数の推定―熊本県阿蘇地方を事例に―. 地学雑誌 122: 875-891.

長谷川宏一・酒井健吾・泉 岳樹・松山 洋 2016. 森林を対象とした BRDF の実測研究および数値シミュレーション研究の現状と発展の方向性 . 日本リモートセンシング学会誌 36: 225-235.

Katsuno, M. and Hozumi, K. 1988. Relationship between specific leaf area of a *Cryptomeria japonica* foliage shoot segment and its diameter. Ecological Research 3: 279-289.

Katsuno, M. and Hozumi, K. 1990. Estimation of leaf area at the level of branch, tree and stand in *Cryptomeria japonica*. Ecological Research 5: 93-109.

松山 洋・藤原 靖・島村雄一・泉 岳樹・中山大地　2003. 全天写真から得られる葉面積指数とプラント・キャノピー・アナライザーによる実測値との比較 . 地学雑誌 112: 411-415.

日本リモートセンシング研究会編 2004.『改訂版 図解リモートセンシング』日本測量協会 .

Sellers, P. J., Los, S. O., Tucker, C. J., Justice, C. O., Dazlich, D. A., Collatz, G. J. and Randall, D. A. 1996. A revised land surface parameterization（SiB2）for atmospheric GCMs. Part II: The generation of global fields of terrestrial biophysical parameters from satellite data. Journal of Climate 9: 706-737.

島村雄一・泉 岳樹・松山 洋 2005. スノーサーベイとリモートセンシングに基づく山地積雪水資源量の推定―新潟県上越国境周辺を事例に―. 水文・水資源学会誌 18: 411-423.

Shimamura, Y., Izumi, T. and Matsuyama, H. 2006. Evaluation of a useful method to identify snow-covered areas under vegetation –Comparisons among a newly-proposed snow index, normalized difference snow index, and visible reflectance–. International Journal of Remote Sensing 27: 4867-4884.

塚本 修・文字信貴 2001.『地表面フラックス測定法』気象研究ノート 199, 日本気象学会 .

第3章 河川水を調べる

水循環の推定

❖ この章で取り上げるフィールド調査の教訓

湯田温泉の「発見」

(1) 観測結果は変えられない，それゆえ観測の研究は面白い。

(2) 新しいことにもチャレンジしてみよう。

第3章では，地理情報学研究室で長く続けている，阿蘇の水質調査の話をしたいと思います。

2001年以降，地理情報学研究室では毎年夏休みに，大巡検（宿泊を伴う野外実習）で阿蘇に出かけています。これは，卒業論文を書く前年次に履修する選択必修の授業です。「なんで阿蘇に行くのですか？」とよく聞かれますが，そのような時には，(1) 水が湧いていたり局地風（まつぼり風，第4章と第7章参照）が吹いたりしていて学術的に面白いこと，(2) 東京から適当に遠いこと（20世紀には大巡検で富士山に行った年もありました），(3) 温泉があること（100％源泉かけ流し！），(4) 世代を越えて経験を共有するのが重要であること，などと答えています。大巡検は地理を学ぶ学生にとっては最大のイベントだと思うので，やはり「華がなければならない」と思うのです。

2001年，松山が助教授になって1年目の大巡検では，「水文・気象・衛星データを用いた阿蘇山周辺の流域水収支の再検討」（松山・泉, 2002）という課題に取り組みました。阿蘇山周辺には火砕流堆積物が厚く堆積しているため（図3-1，小野・渡辺, 1985），降水の多くが地下に浸透し，特に，阿蘇山の西側に広がる阿蘇西麓台地では，流域を越えた地下水流動があることが古くから指摘され

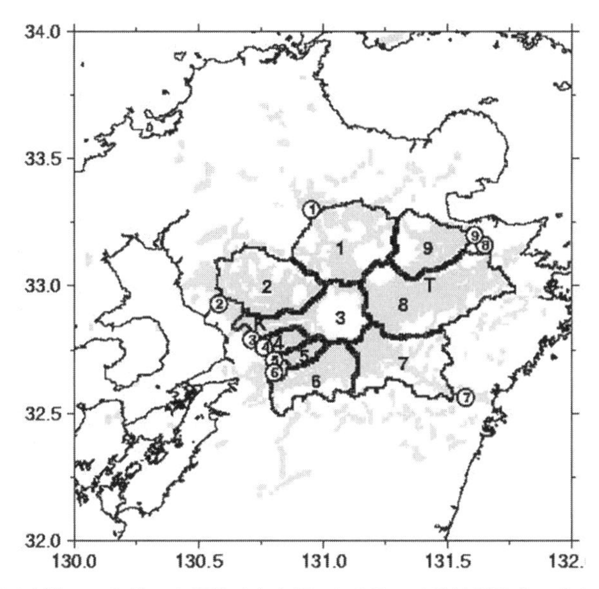

図 3-1　阿蘇山が約 9 万年前に大規模噴火を起こした際の火砕流堆積物の分布（灰色）と阿蘇山周辺の流域界，および流量観測地点（丸数字）

原図（小野・渡辺, 1985）をデジタル化したうえで流域の情報を追加した。K は熊本市，T は竹田市を表す。図の中央部，白地に 3 という数字がある付近が阿蘇カルデラである。その西側が阿蘇西麓台地になる。流域 1（筑後川）の最上流部が図 3-3 の範囲に相当する。流量観測地点は松山・泉（2002）による。

てきました（例えば宮本ほか, 1962）。これを，最近の水文・気象・衛星データを用いて調べてみようというのが 1 年目の課題でした。学生さんたちには，(1) 数値標高データを用いて流域を抽出してもらったり，(2) レーダー・アメダス解析雨量を用いて各流域の降水量を計算してもらったり，(3) 流量年表を用いて各河川の流出高を計算してもらったり，(4) 衛星データを用いて地表面状態を調べてもらったり, (5) 各種地表面からの蒸発散量を計算してもらったりしました（図 3-1)。その結果，阿蘇西麓台地では従来言われているように流域間の地下水流動を考慮しないと水収支を説明できませんが，阿蘇山の南西部や東部の流域でも同様の現象が生じていることが分かりました（松山・泉, 2002)。これらの解析結果を踏まえたうえで 2001 年 9 月末に初めて現地に行きましたが，「阿蘇で何かを調べなければならない」というわけではなかったため，1 年目の大巡検は 3 泊 4 日とあっさりしたものでした。

一方，1年目の大巡検を終えて感じたのは，(1) 水収支・熱収支は精度に限界があるので，データ解析ではこれ以上，地下水流動に迫れそうにないこと，(2) 大巡検は野外調査であるため（当時，地理情報学研究室が開講する大巡検の正式な科目名は「地理学調査法V」と言いました），やはり現地で調査する必要があること，の2点でした。そこで，2年目は水質調査を行い，別のアプローチから地下水流動に迫ることにしました。現地での気温, 水温, pH, 電気伝導度の測定は, 2001 ～ 2002年にブラジルのパンタナールで宮岡邦任さん（三重大学教育学部）が行うのを見て学びました（松山 , 2001, 2002）。

図3-1にみられるように，阿蘇山が約9万年前に大規模噴火を起こした際の火砕流堆積物が，中部九州を広く覆っています（小野・渡辺 , 1985）。透水性の高い火砕流堆積物は西側ほど厚く，水系の発達がよくないことから（島野 , 1988），阿蘇西麓台地を中心としてこれまで地下水流動が調べられてきたわけです。しかしながら，火砕流堆積物がみられるのは阿蘇西麓台地だけではありません。これが1年目の大巡検の問題意識であったわけですが，同様に，阿蘇カルデラの内部から外部へ地下水流動が起こっているということはないでしょうか？　地質図など（鎌田 , 1997; 田中 , 2000）からは，阿蘇火砕流堆積物の下にある難透水層が阿蘇カルデラから外輪山北麓斜面にかけて傾斜していると考えられており，地質的には阿蘇カルデラの内部から外部へ地下水流動が起こっていてもおかしくはありません(図3-2)。そして, もし, 阿蘇カルデラの内部から外部へ地下水流動が起こっているならば，以下の現象が起こっていると考えました。

(a) 阿蘇カルデラ内部の水は硫酸イオンに富んでいるため（例えば島野 , 1999），外輪山北麓斜面のどこかで硫酸イオンに富んだ水が湧いているはずです。

(b) シリカという物質は降水中にはほとんど含まれず保存性に富み，その濃度は，地下における滞留時間や流下経路長に比例するため（例えば Haines and Lloyd, 1985），(a) で，外輪山北麓斜面において硫酸イオンに富んだ水が見つかったならば，そのシリカ濃度は阿蘇カルデラ内のそれよりも高くなるはずです。

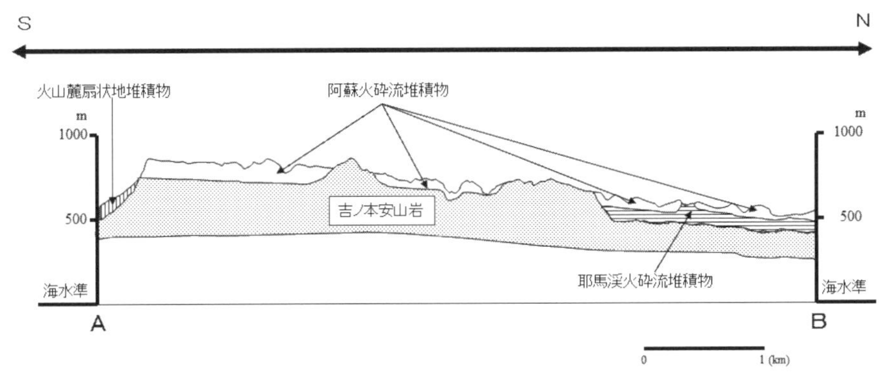

図 **3-2**　阿蘇カルデラ内（**A**）から阿蘇外輪山北麓斜面（**B**）にかけての地質断面図
S-N は南北方向を表している。松山ほか（2006）による。

硫酸イオン濃度にしろ，シリカ濃度にしろ，当時の筆者たちには，自力で本格的な分析はできませんでした。そのため，硫酸イオンを含む主要無機イオンの分析は鈴木啓助さん（当時 信州大学理学部）に，シリカ濃度の分析は寺園淳子さん（当時 東京大学新領域創成科学研究科）に，それぞれお願いしました。その後，シリカ濃度の本格的な分析は自力でできるようになりましたが，イオンクロマトグラフィーに基づく主要無機イオンの分析は未だに自力ではできません。

この研究課題に取り組んだのが，2002 年度に「地理学調査法 V」を履修した八木克敏さんです。八木さんは，上で述べた仮説に基づいて，2002 年から 2003 年にかけて阿蘇外輪山北麓斜面の河川水質を調べました（図 3-3）。湧水は河川を涵養しますから，硫酸イオンに富んだ河川水がみられるようであれば，どこかでそのような水が湧いていることになります。そして，調査範囲を狭めていけば，そのような湧水を発見できるはずです。現場にはデジタル簡易水質計「ラムダ -8020SP」を持ち込み（松山ほか , 2004，後述する図 3-7 右），その場で硫酸イオンが検出されるかを確認し，調査範囲を決定しました。

図 3-3 は，阿蘇外輪山北麓，杖立川上流域の河川水質の分布を示したものです（松山ほか , 2006）。図の下側（南側）が上流部, 上側（北側）が下流部になります。図中の六角形は各地点における水質を表しており，六角形の右側中段が出っ張っている場合には炭酸水素イオンに富んでいることを，右側下段が出っ張っている場合には硫酸イオンに富んでいることを，それぞれ示しています。

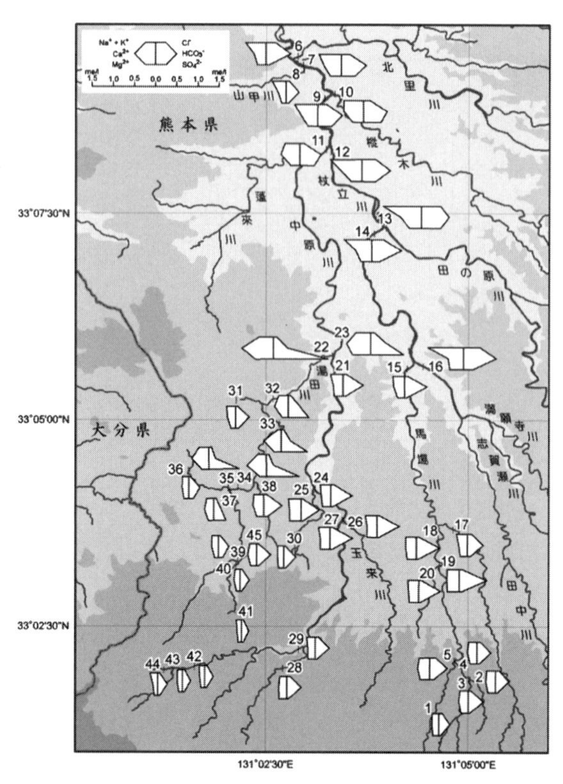

図 3-3　阿蘇外輪山北麓斜面における主要無機イオンの分布
松山ほか（2006）による。

図 3-3 より，上流部の陰イオンは炭酸水素イオンに富む水質となっていますが，中流の湯田川（図 3-3 の No. 22 を末端とする流域）に注目すると，突然，硫酸イオンが出てくるのが分かります（図 3-3 の No. 34, 35, 37 付近）。「出た，出た」と喜んで，現地で調査範囲を狭めて硫酸イオンの起源を探ってみると，そこには「湯田温泉」がありました（図 3-4）。

しかしながら，一筋縄ではいかないのが自然です。湯田温泉で硫酸イオンが出たのはよいのですが，そのシリカ濃度を測ってみると，阿蘇カルデラ内の値よりも小さいのです。ということは，上述した仮説 (b) によれば，この水は阿蘇カルデラ起源ではないということになります。それでは，なぜ湯田温泉で硫酸イオンに富んだ水が湧くのかというと，それはこの付近が地質の境界になっているからのようです（小松・梅田 , 1999）。

阿蘇カルデラ内から外輪山北麓斜面への地下水流動は否定されたものの，湯田温泉を「発見」したことは十分面白いと思いましたので，そのような論調で論文を書いたところ，一発で不採用（リジェクト）となりました。査読者曰く「インターネットで検索すれば，湯田温泉は複数ヒットするから，発見でも何でもない。」とのことです。言われてみれば当たり前のことでした。

観測結果は変えることができず，やり直しも難しいところが，フィールド研

図 3-4　湯田温泉で水質調査を行う八木克敏さん（2003年9月）
図中，右側の湧出口（パイプ）がボーリング口，奥が自噴口である。

究の難しいところであり醍醐味でもあります。そして，第1章，第2章でも述べてきたように，苦労して取得したデータは公開しなければ意味がないと思います。努力を免罪符にしてはいけないのです（松山，2005）。異論はあるかもしれませんが，結果（＝研究成果を査読付きの学術雑誌に投稿し，論文が受理されること）を伴わない努力は，（少なくとも他人にとっては）全く意味がないと思います。

このような意識のもと，論調を変えて書き直したものが「阿蘇外輪山北麓杖立川上流域の河川水質の特徴について」（松山ほか，2006）になります。どこにオリジナリティを求めたのか，改めて読み直してみますと，上述した事実を記載したほか，同じ地域の水質を調査した先行研究（島野・永井，1990）は，この地域において硫酸イオンに富んだ水がみられることに触れていないこと，およびその理由について言及していました。また，阿蘇西麓台地における地下水流動の研究（例えば永井ほか，1983）では「硫酸イオンに富んだ水は白川起源である」という暗黙の了解がなされている理由について言及し，阿蘇西麓台地での知見をそのまま周辺地域に適用できない場合があることを指摘していました。

八木さんは学部を卒業してJR貨物に就職しました。そして，阿蘇で水質調査に取り付かれた八木さんの最初の赴任地は何と福岡市になったのです！というわけで，八木さんは卒業した後も，時間を作ってほぼ毎年，阿蘇で行われる大巡検に参加してくれていました（さすがにフル参加は無理でした…）。近年，東京に転勤になってしまい，八木さんの足が阿蘇から遠ざかってしまったのは少々残念でありますが，地理情報学研究室における水質調査の基礎を共に作り上げてくれたという点で，八木さんが研究室にとって特筆すべき人物であることは間違いありません。

（松山 洋）

【コラム 4】

現場および大学での湧水の観測と分析

現場での観測

本章で述べたような水に関する研究（以下では，湧水観測を例に話をします）では，現場で気温，水温，pH，RpH，電気伝導度を測ります（以下，測定項目の意味も含めて順に説明します）。そして，湧水を採取した 100 ml のポリビンを大学に持ち帰って，硫酸イオンやシリカなど溶存成分の分析を行います。

現場では，まず気温と水温を測ります。両者とも現場でしか測ることができず，例えば「湧水は夏冷たくて冬暖かい」という性質は，気温と水温の両方を，季節を変えて測定することで初めて分かります。本研究室で用いている温度計は，株式会社エー・アンド・ディー製の AD-5624（常温での分解能は 0.1℃ですが，精度は± 1℃）です（図 3-5）。この測器を，大学にある恒温槽（自由に温度を設定できる装置）で年に 1 回，0 ～ 35℃の範囲で較正します。具体的には，AD-5624 と恒温槽の温度の散布図を 5℃ごとに作成し，両者の回帰式を求めます。そして，AD-5624 の観測値を入力すると恒温槽の温度が得られるようにします。回帰式は必ず AD-5624 の本体に書いておきます（図 3-5）。なお，恒温槽の温度を変化させるには時間がかかりますので，多くの場合，複数の温度計の較正を同時に行い

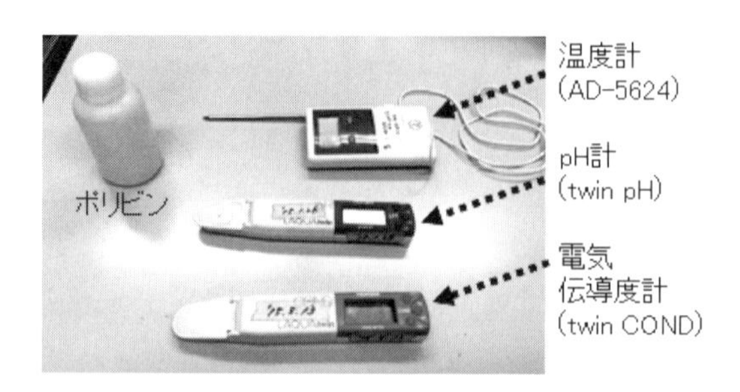

図 **3-5**　現場での水質調査に用いる測器群

ます。そのため，それぞれの温度計に番号をつけ，温度計の本体には回帰式と一緒に温度計の番号および較正年月日も記しておきます（図 3-5）。

AD-5624 は，電源を入れてから観測値が安定するまで時間がかかるため，現場に着いたら，まず温度計の電源を入れて日陰に置きます。ある程度時間がたったら，センサを身体から離して胸の高さに持ってきて，日陰で気温を計測します。気温と水温とでは，気温を先に測ります。順番を逆にすると温度計から気化熱が奪われ，気温の値が正確でなくなります。気温・水温ともに，温度計の画面を見て値が落ち着いたら（ゆっくり 20 数えて値が変化しなかったら）確定値とします。本研究室では，いずれも 1 回だけ計測して確定値にしています。野帳（フィールドノート）には，AD-5624 の観測値と温度計の番号，および単位（℃）を忘れずに記録します（図 3-6）。最終的な気温・水温は較正後の値としますが，変換作業はデータを整理する時で構いません。

pH と RpH は，株式会社堀場製作所製 LAQUA twin pH（精度：± 0.1 pH）を用いて測ります（図 3-5）。pH とは，「水素イオンのモル濃度（単位：mol/L）の逆数を常用対数で表したもの」ですが，難しい定義はともかく，pH 7 が中性，7 未満が酸性，7 を超えるとアルカリ性になります（単位は無次元です）。例えば，pH 5.6 未満の雨／雪を酸性雨／雪と言いますが，pH 5.6 とは，大気中の二酸化炭素を取りこんだ時の降水の pH になります。一方，湧水を十分通気した時の pH のことを RpH といいます。湧水を試験管に取って振ることで，水中の二酸化炭素が追い出されるため，湧水の pH はアルカリ性側に変化します。そのため，多くの場合 RpH は pH よりも大きくなります。RpH の計測にも LAQUA twin pH を用います。そして湧水の場合，RpH と pH の差が大きいほど，地下の滞留時間や流動距離が長くなると言われています。

現場では，まず pH 計を湧水で共洗いします。そして，センサに湧水を入れてから電源を入れます。LAQUA twin pH の場合，値が確定すると画面に「にっこりマーク」が出ます。たまに「にっこりマーク」が点滅することがありますが，これは異常な状態ですので最初から計測をやり直します。本研究室では，値を記録したらいったん電源を切って上の手順を繰り返し，同じ値が 2 回出るまで（連続でなくても構いません）計測を続けます。これは，例えば pH 6.1 と 6.2 という観測値には，測器の精度を考えると有意な差はないのですが，最終的な値を記録

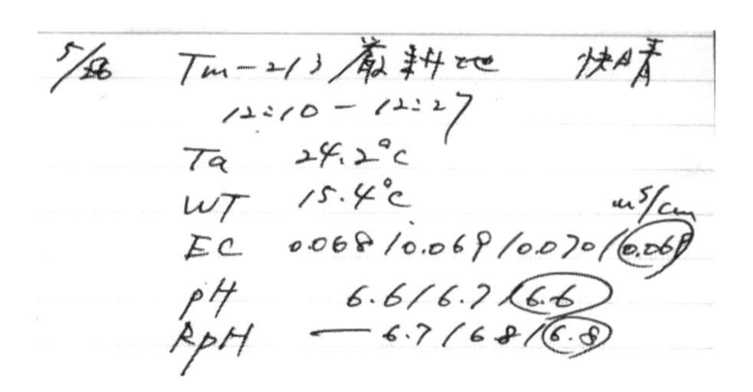

図 3-6　筆者（松山）が水質調査の結果を野帳に記録した例

する時に悩ましいという問題があるからです。平均値をとって四捨五入すると自動的に pH は 6.2 となりますが，果たしてそれでよいのか（そもそも四捨五入でよいのか？）という問題があるのです。そのため，同じ値が 2 回出るまで計測を続けます。なお，野帳には，最終的な値に至るまでの途中経過も含めて観測値を記録します（図 3-6）。

RpH を計測する場合には，試験管を湧水で共洗いしてから半分くらい水を入れて 3 分間振ります。3 分経ったら，試験管の水で pH 計を共洗いしてから RpH を測ります。手順は，上述した pH の計測と同じですが，RpH を測っている間も試験管を振り続けます。なお, RpH は 2 回続けて同じ値が出るまで計測を続けます。pH の計測は，連続でなくても同じ値が 2 回出れば O.K. でしたが，RpH の場合にはこの点が違います。これは，2 回続けて同じ値が出るまでは，「十分通気できていない」ということになるためです。野帳には，最終的な値に至るまでの途中経過も含めて観測値を記録します（図 3-6）。

最後に，電気伝導度は，株式会社堀場製作所製 LAQUA twin COND（精度：2 % ± 1 digit，digit とは測器の数値の読みの下一桁のこと）で測ります（図 3-5）。電気伝導度とは，水に溶け込んでイオン化している物質の総量に関する指標であり，この量が多いほど電気伝導度は大きくなります。単位は μS/cm または mS/cm（μS：マイクロジーメンス，mS: ミリジーメンス）で，LAQUA twin COND の場合，200μ S/cm（= 0.2 mS/cm）で自動的に単位および表示が切り替わります。

現場では，まず電気伝導度計を湧水で共洗いし，センサに湧水を入れてから電源を入れます。LAQUA twin COND の場合, 値が確定すると画面に「にっこりマーク」が出ます。たまに「にっこりマーク」が点滅することがありますが，これは異常な状態ですので最初から計測をやり直します。本研究室では，値を記録したらいったん電源を切って上の手順を繰り返し，同じ値が2回出るまで（連続でなくても構いません）計測を続けます。野帳には，最終的な値に至るまでの途中経過も含めて観測値を記録します。電気伝導度の場合，特に単位が重要ですので，忘れずに記録します（図3-6)。

以上の計測値（気温:Ta，水温:WT，電気伝導度:EC，pH，RpH）を，日付（年月日)，観測地点名，天気，観測開始時刻，観測終了時刻，温度計の番号と一緒に野帳に記録します。参考までに，松山の野帳の一部を図3-6に示しますが，これには年と温度計の番号が書かれておらず，あまり適切な例ではないかもしれません。

大学での分析

現場で採取した湧水は, 大学で分析します。以下で述べる全ての手順において，共洗いは必須です。本研究室で主に用いているのは，HACH社のDR2800というデジタル水質計ですが（図3-7左)，これで計測できない項目については，本文中で述べた「ラムダ-8020SP」を用いています（図3-7右)。前処理として，東洋濾紙株式会社のKP-47S 47mm ポリサルホンホルダー（図3-8の透明な装置）に濾紙をセットして，湧水を濾過します。47mmというのは濾紙の直径のことで，同社が販売しているpore size（濾紙を透過できる物質の最大の大きさ）0.45μmのメンブレンフィルター（型番：A045A047A）で湧水を濾過します（図3-8)。ポリサルホンホルダーは上下2層式になっており，下の層を減圧することによって濾過されます。そのため，吸引によって減圧する同社の手動式ポンプ（型番：HP-01）をポリサルホンホルダーにつないで使用します。

次に，濾過済みの湧水を10 mlのセルビン（ガラスでできた直方体の形状をしたビン）に入れ（図3-7), 試薬を加えることで発色させます（測定する物質によって投入する試薬やタイミングは異なります)。最後に，試薬を加えたセルビンに光を当て，その光がセルビンを通過する際に，対象とする物質によってどれだけ光が吸収されるかによって，湧水中の物質の濃度を調べます。そのため，計測の

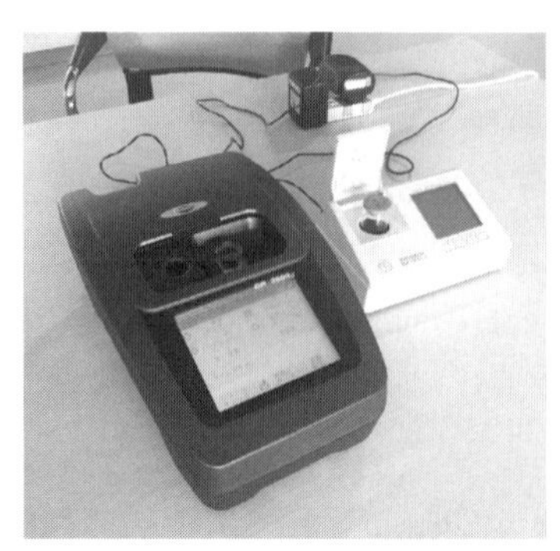

図 **3-7**　デジタル水質計
（左）HACH 社 DR2800,
（右）共立理化学研究所 ラムダ -8020SP。

図 **3-8**　減圧濾過をする清水彬光さん
（海城高校地学部）
手にしているのが手動式ポンプ，中央の透明な装置がポリサルホンホルダーである。

際には先に，試薬を加えない濾過済みの湧水 10 ml を入れたセルビンを DR2800 にセットして，「ゼロ調整」という作業を行います。その後，試薬を加えたセルビンをセットして湧水中の物質の濃度を測ります。

DR2800 は様々な種類の物質の濃度を計測できますが，本研究室で主に計測しているのは，本文中でも述べた硫酸イオンやシリカのほか，硝酸態窒素，溶存酸素などにすぎません。しかも, 測定方法を調べるのは水に興味のある学生さんで, 筆者（松山）は学生さんから計測方法を教わってきたというのが現状です。自力ではシリカと硝酸態窒素の計測しかできず，せっかくの DR2800 も「宝の持ち腐れ」というところでしょうか？

なお，ここで述べた水質分析の方法は，筆者（松山）が，宮岡邦任さん（三重大学教育学部）や鈴木啓助さん（信州大学山岳科学総合研究所）に教わったり，『第 3 版 水質調査法』（半谷・小倉 , 1995）を読んだりして，試行錯誤しながら培ってきたものです。あくまでも参考程度にしていただければ幸いです。また，このコラムでは，水質調査を事例に筆者（松山）の野帳をお見せしましたが（図 3-6），現場で野帳に記録すること（＝アナログな方法）は，デジタル機器が発達した今日でも重要です。もちろん，発達したデジタル機器でなければ取得できないデータもありますが, 必要最低限の情報は野帳に記録する習慣をつけましょう。

（松山 洋）

引用文献

Haines, T. S. and Lloyd, J. W. 1985. Controls on silica in groundwater environments in the United Kingdom. Journal of Hydrology 81: 277-295.

半谷高久・小倉紀雄 1995.『第 3 版 水質調査法』丸善 .

鎌田浩毅 1997.『宮原地域の地質 . 地域地質研究報告（5 万分の 1 地質図幅）』地質調査所 .

小松 亮・梅田浩司 1999. 日本列島における温泉・熱水変質帯について . サイクル機構技報 4: 121-128.

松山 洋 2001. ブラジルからの手紙（3）パンタナール紀行 . 天気 48: 921-926.

松山 洋 2002. ブラジルからの手紙（4）雨季の終わりのパンタナール調査 . 天気 49: 855-859.

松山 洋 2005. 英語で論文を書くということ・私の場合 . 生物と気象 5: 1-5.

松山 洋・泉 岳樹 2002. 水文・気象・衛星データを用いた阿蘇山周辺の流域水収支の再検討 . 水文・水資源学会誌 15: 413-427.

松山 洋・中山大地・八木克敏・江里口耕平・鈴木啓助 2004. 株式会社共立理化学研究所製 デジタル簡易水質計 ラムダ -8020SP の紹介とこれを用いた水質分布の把握について . 水文・水資源学会誌 17: 414-423.

松山 洋・八木克敏・中山大地・鈴木啓助 2006. 阿蘇外輪山北麓杖立川上流域の河川水質の特徴について . 水文・水資源学会誌 19: 392-400.

宮本 昇・柴崎達雄・高橋 一・畠山 昭・山本荘毅 1962. 阿蘇火山西麓台地の水理地質—日本の深層地下水（第 1 報）. 地質学雑誌 68: 282-292.

永井 茂・石井武政・黒田和男 1983. 熊本平野の地下水の水文化学的研究 . 工業用水 296: 27-43.

小野晃司・渡辺一徳 1985.『阿蘇火山地質図』地質調査所 .

島野安雄 1988. 阿蘇山周辺地域における水系網解析 . ハイドロロジー 18: 22-33.

島野安雄 1999. 阿蘇カルデラ内における河川水の水文化学的研究 . 文星紀要 10: 3-30.

島野安雄・永井 茂 1990. 阿蘇外輪山北麓地域の湧水・河川水等の水文化学的研究 . 文星紀要 1: 23-34.

田中伸廣 2000.『阿蘇山と水』一の宮町史編纂委員会 .

象観測機器の設置

局地風の定点観測

❖ この章で取り上げるフィールド調査の教訓

素敵なコネの作り方

(1) 知らない人と仲良くなるには正攻法（手紙 + 電話）でいこう。

(2) 現地の方の応援も研究の原動力である。

まつぼり風

第4章では，地理情報学研究室で長く研究を続けている，阿蘇の局地風「まつぼり風」に関する話をしたいと思います。

まつぼり風とは，世界最大級である阿蘇カルデラ（熊本県）の切れ目（立野火口瀬，図 4-1）から吹き出してくる強い東風のことです。その吹走範囲は阿蘇山西麓のごく狭い範囲に限られており（図 4-1），まつぼり風吹走地域では，防風林や防風垣が特に密に分布するなど（吉野 , 1968; 小野寺 , 1975），まつぼり風はこの地域で暮らす人々の生活に大きな影響を与えています。

今回登場するのは，まつぼり風の研究で 2013 年 3 月に博士（理学）の学位を取得した稲村友彦さん（現：損保ジャパン日本興亜リスクマネジメント株式会社）です。稲村さんと筆者たちはこれまで，メソ気象モデル（第 7 章コラム 8 参照）を用いてまつぼり風の吹走条件について研究してきました（稲村ほか , 2009）。先行研究（黒瀬ほか , 2002b）では，「阿蘇山（標高約 1,500 m）で 10 m/s を超える南東風が吹く時にまつぼり風が吹走する」と指摘されており，稲村さんはその理由を，「阿蘇外輪山南西部の斜面が北西向きであり，これが南東からのおろし風を加速するためである」と考えました（Inamura, 2013）。しかしながら，まつ

(a)

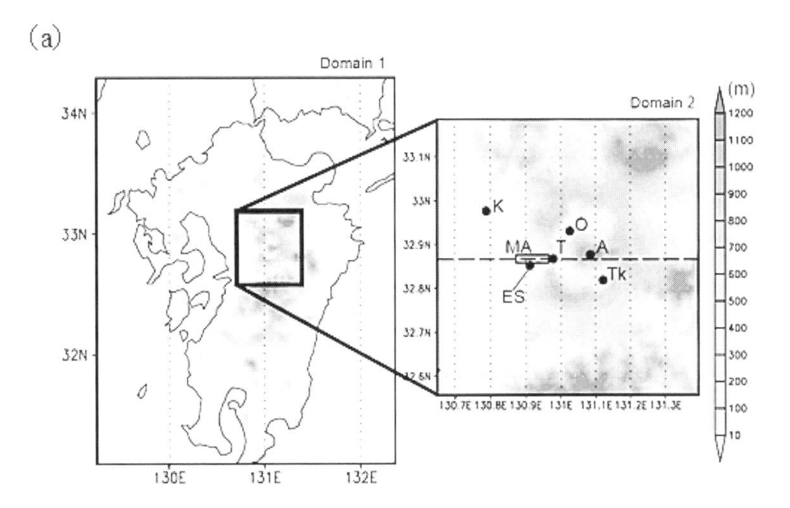

(b)

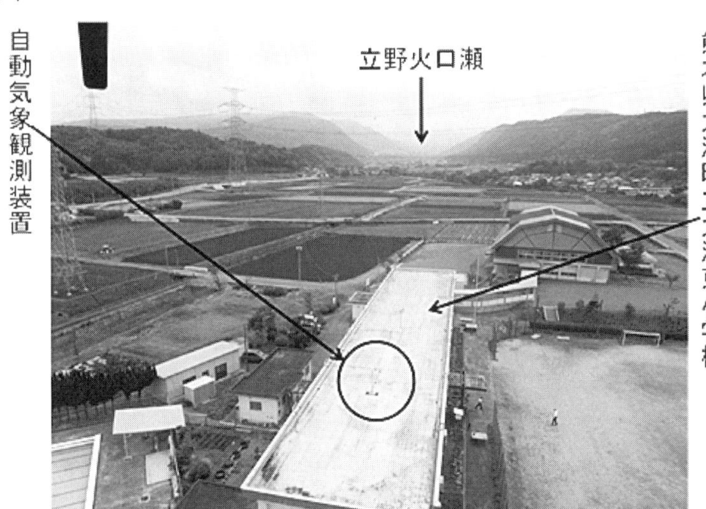

図 **4-1**　(**a**) 研究対象地域，(**b**) 熊本県大津町立大津東小学校の屋上に設置した自動気象観測装置と立野火口瀬

(a) において，MA（四角形）はまつぼり風最強地域を示す。A: 阿蘇山特別地域気象観測所, ES: 大津東小学校, K: AMeDAS 菊池, O: AMeDAS 阿蘇乙姫, T: 立野火口瀬, Tk: AMeDAS 高森。

(b) は，株式会社 情報科学テクノシステム製無人航空機を用いて筆者（泉）が撮影。

ぼり風吹走地域には気象庁の観測地点がないため，「最近いつ，まつぼり風が吹いたか？」という情報を得ることができません。

まつぼり風常襲地帯に位置する大津東小学校（図 4-1）ではかつて宿直が行われており，当直日誌に書かれた風に関する記述を分析することにより，まつぼり風が吹走した日が推定されました（小野寺 , 1975）。小野寺（1975）によると，最後にまつぼり風が吹いたのは 1971 年 10 月 1 日の朝になります。その次にまつぼり風が吹いたのは，黒瀬（2002b）による 1999 年 4 月 17 日，さらにその後となると全く分かりません。そしてこのことが，まつぼり風の吹走メカニズムを解明するうえで大きな障害となってきました。

そこで筆者たちは，2010 年 6 月に，大津東小学校の校長先生宛てに手紙を書きました。内容は「1971 年 11 月以降の当直日誌は残っていないでしょうか？」というものでした。7 月に入ると熊谷和信校長先生から達筆のファックスが届きました。「捜してみましたが，見つかりませんでした。ご期待に添えず誠に申し訳ありません。」と，こちらが恐縮してしまう内容でした。

2010 年は 8 月 26 ～ 30 日の予定で，大巡検（宿泊を伴う野外実習）で阿蘇に出かけることになっていました。「当直日誌がないのならば，大津東小学校の屋上に気象観測装置を設置すればよいのでは？」という話になり，まず，「8 月 26 日にお会いして直接御相談させていただけないでしょうか？」という手紙を書きました。そして，手紙が先方に届いた頃を見計らって松山が大津東小学校に電話をし，熊谷先生と直接お話ししました。突然電話を差し上げて，その時に先方と話せる確率はそう高くないと思います。それにも関わらず一度で直接お話しできたこと，そして，電話口の向こうの熊谷先生の声が明るかったことから，「これは絶対にうまくいく」と確信しました。

8 月 26 日には，これまで述べてきた「大津東小学校の屋上で気象観測をすることの重要性」について熊谷先生に説明して，御了承いただきました。その後，2 階建ての校舎の屋上を視察し，測器をどのように固定し，データを回収するかについて検討しました。測器は，屋上に設置された小学校名が書かれた看板を起点として固定し，2 階の理科準備室にデータ回収用のパソコンを置くことにしました。このパソコンは大津東小学校に寄贈することにし，3 カ月に 1 度，測器およびパソコンの点検を兼ね，稲村さんか筆者たちが大津東小学校を訪問して，デー

図 4-2　大津東小学校の屋上に設置した自動気象観測装置

大津東小学校 屋上気象観測

時刻	2011 年 08 月 26 日 10 時 04 分 09 秒
気温	29.38 ℃
湿度	63.06 %
気圧	997.65 hPa
風速	5.83 m/s
風向	75.46
瞬間最大風速	10.15 m/s
瞬間最大風速時の風向	88.06

図 4-3　Web ブラウザ上で表示された観測値の様子

タを回収することにしました。

なお，測器の設置については校長先生の独断では許可することができず，大津町教育委員会とやり取りをすることになりました。電話や電子メールでのやり取りのほか，書類提出のために大津町に出向いたりしたため，それまでは年に 1 回だった熊本行きが，年に 3 ～ 4 回になりました。

準備期間 1 年を経て，2011 年 8 月 25 日に大津東小学校の屋上に自動気象観測装置が設置されました（図 4-2）。設置作業は地元の電気工事会社にお願いし，稲村さんと泉も作業のお手伝いをしました。以下では，この日から始まった気象観測について概観したいと思います。

気象観測の概要と「風日記」

屋上に設置したのは，Lufft 製総合気象観測装置 WS500-UBM をアルミニウム製のポールに取り付けたものです（図 4-2）。このポールと台座は，大学の工作施設にお願いし，屋上の防水シートを傷めないように軽量な一方，強風時の負荷にも耐えられるものを安価で製作してもらいました。このような研究補助は，非常に重要かつ有用であり，感謝しています。

校舎の高さは 8 m，屋上面からの測器の高さは 2.2 m で，地上高は 10.2 m です。観測できる項目は，風向・風速と気温，湿度，気圧であり，気温は強制通風式です。2 階の理科準備室にあるパソコンに保存されるデータは，1 分平均風速および風向，気温，気圧，湿度，最大瞬間風速，最大瞬間風速観測時の風向です。パソコンは無停電電源装置に接続され，停電時には自動でシャットダウン，復電時には自動的に起動するようになっています。

さらに，パソコン上で，リアルタイムで観測値をモニタリングするシステムを構築しました。パソコン上にテキストデータとして保存されるデータを，Ruby による CGI プログラムによって取得して作図し，Web ブラウザ上で表示できるようにしました（図 4-3）。データは時別値に変換して小学校にお渡ししており，モニタリングシステムとともに理科の授業で活用して頂いています。そして，2012 年 6 月 15 日 8 ～ 18 時のデータを解析した 2012 年度の 6 年生は，「まつぼり風大研究」という題名で平成 24 年度熊本県菊池郡市科学研究物・発明工夫展示会に出品し，見事良賞を受賞したのでした。

本システムで得られた風速の変化（1 時間値）を図 4-4 に示します。現段階で解析が終わっている期間は 2011 年 8 月 27 日 1 時～ 2012 年 12 月 13 日 12 時です。

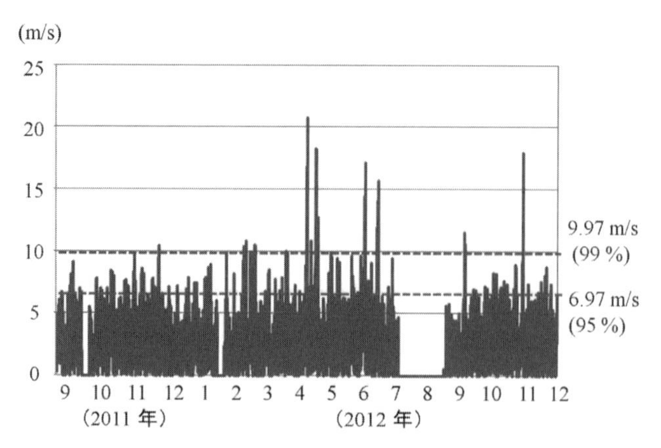

図 **4-4　2011** 年 **8** 月 **27** 日から **2012** 年 **12** 月 **13** 日までの
大津東小学校屋上における毎時の風速

図4-4では長期間にわたる欠測がみられますが，リアルタイムで観測状況をモニタリングしているわけではないため，欠測が生じた原因および観測が再開した原因については分かりません。

図4-4の期間中，まつぼり風が吹走した事例を抽出しました。具体的には以下の①～④を同時に満たす時としました（Inamura, 2013）。

① 大津東小学校の風向が東北東～東南東であること
② 大津東小学校の風速の99パーセンタイル値（9.97 m/s）を超える風が，3時間以上継続して吹くこと
③ 大津東小学校の風速がバックグラウンド風速（AMeDAS菊池，阿蘇乙姫，高森の平均風速，図4-1a）の2倍以上になること
④ この時の阿蘇山特別地域気象観測所（図4-1a）の風速が7 m/s以上であること

④の条件は，阿蘇カルデラからの冷気流（阿蘇おろし，黒瀬ほか, 2002a）を除外するためのものです。また，①～④の条件で抽出された事例が12時間以内に起こった場合には同一の事例としました。

結局, まつぼり風が吹走したのは, 2012年4～6月, 9月, 11月の8事例になり, 春に集中していることが分かりました。これは先行研究（小野寺, 1975）と整合的です。また，9月を除く7事例については，いずれも，ユーラシア大陸から九州の南西沖付近にかけて前線が存在しており（図4-5), これも先行研究（小野寺, 1975）と整合的です。「自然は裏切らない」ということでしょうか？

気象観測システムを大津東小学校に設置したことは，児童の皆さんにも影響を与えたようです。大津東小学校では2012年4月20日から, 6年生による「風日記」が書かれており（図4-6)，交代で，その日の天気，その感じ方，自分たちで決めた標準木の様子などについて記述しています（月曜日の担当者は，週末のことも書きます)。気象観測を始めるのに先立ち，2011年7月7日に，稲村さんと筆者たちが全校児童と教職員の皆様に，まつぼり風に関する話をしたことも，「風日記」を始めるきっかけになっていると聞いています。

屋上の気象観測データと「風日記」の比較は，要約すると，「屋上で強風が吹

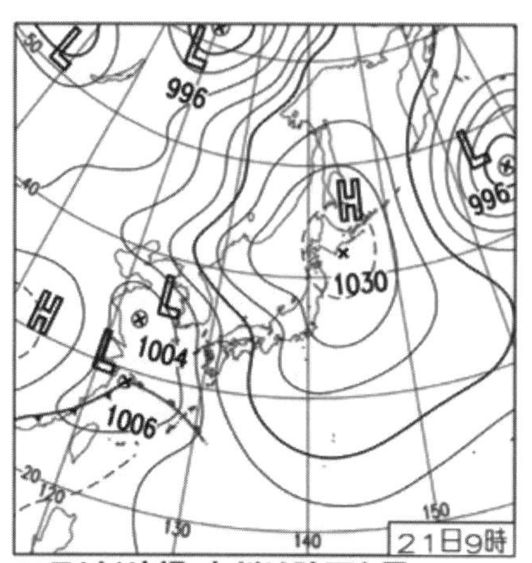

図 **4-5**　図 **4-4** の観測期間中最大風速（**20.76 m/s**）を記録した **2012** 年 **4** 月 **21** 日午前 **9** 時の天気図

気象庁の Web Site（http://www.data.jma.go.jp/fcd/yoho/data/hibiten/2012/1204.pdf）による。風速 20.76 m/s を観測したのは，この日の 20 時のことである。

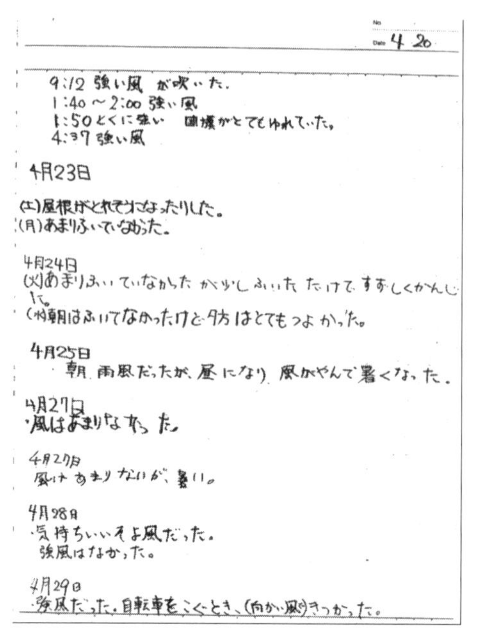
Date 4 20

9:12 強い風 が吹いた.
1:40～2:00 強い風
1:50とくに強い 国旗がとてもゆれていた。
4:37 強い風

4月23日

(土)屋根がとれそうになったりした。
(月)あまりふいでなかった。

4月24日
(火)あまりふいていなからたが少しふいただけですずしくかんじた。
(水)朝はふいてなかったけど夕方はとてもつよかった。

4月25日
朝.雨風だったが、昼になり.風がやんで暑くなった.

4月27日
・風はあまりなかった。

4月27日
風はあまりないが、暑い。

4月28日
・気持ちいいそよ風だった。
強風はなかった。

4月29日
・強風だった。自転車をこぐとき、(向かい風が)きつかった。

図 **4-6**　大津東小学校 **6** 年生による「風日記」の例（**2012** 年 **4** 月 **20** ～ **29** 日）

いた日は，「風日記」でもおおむね強い風が吹いた日になっている。ただし逆は真ではなく，「強い風が吹いた」と個人が感じる日に，必ずしも強風が観測されているわけではない。」になります。これには，「風をどのように感じたか？」という個人差が影響していると考えられます。

稲村さんと筆者たちは 2012 年 12 月 13 日にも，大津東小学校の全校児童と教職員の皆様にお話しする機会がありました。その際，(1)「風日記」を最低 1 年間（2013 年 4 月 20 日まで）続けていただきたいこと，(2) 後で見返した時に分かるように年月日を書いてほしいこと，(3) データは 1 時間ごと（元データは 1 分ごと）にあるので，およその時刻（「何時間目」でもよいです）も書いてほしいこと，(4) 午前か午後か分からなくなるので 24 時制で書いてほしいこと，をお願いしました。また，まつぼり風が吹く時には多くの場合，図 4-5 のような気圧配置になるため，テレビや新聞の天気図を見ていればいつまつぼり風が吹くか，ある程度予想できることも述べました。

後日, その後の「風日記」を拝見したところ, 24時制で日記が記載されていたり, 新聞天気図が貼られていたりして, 稲村さんと筆者たちの話もそれなりの効果があったようです。

根回しも重要

今回は, 全くコネがないところで観測を行うために, 手紙を書き, 電話をかけ, 直接お会いして, お願いする, という根回しに関する話であり, 第1章～第3章で述べてきた「フィールド調査」(フィールドワーク) の苦労とはちょっと毛色が異なりました。しかしながら, こういった根回しもまた, 現場でデータを取得するために必要な場合があります。結局, 「コネがない場合には正攻法で行く」ということでしょうか？　一事例しかないので何とも言えませんが。

熊谷先生は2012年3月をもって, 停年のため大津東小学校を退職されました。しかしながら, 新しい校長先生 (佐伯 修先生) に気象観測の件を引き継いで下さっただけでなく, 日程調整をして, 稲村さんと筆者たちを佐伯先生に紹介して下さったのです。そのお心遣いには, どんなに感謝しても感謝しきれません。もちろん, その後も筆者たちの研究室と大津東小学校との交流は続いていますが, その話は本書の第7章で書きます。

(松山 洋・泉 岳樹)

追 記

2011年8月25日に大津東小学校の屋上に設置して以来, 貴重なデータを取り続けた総合気象観測装置でしたが (図4-2), 測器の維持の問題もあったため, 2014年8月19日に撤収することにしました。この間, 2013年4月5～6日に吹走したまつぼり風を捉え, 坂本ほか (2014) として観測結果を公表することができたなど, 本観測装置はまつぼり風の研究に大きく貢献しました。詳しくは第7章を御覧いただければ幸いです。

【コラム 5】

「まつぼり風」に対する人々の意識

本章で述べたように，筆者たちはこれまで大津東小学校で，児童や教職員の皆様にお話をする機会が 2 回ほどありました。1 回目は，総合気象観測装置を設置する前の 2011 年 7 月 7 日，2 回目は設置後の 2012 年 12 月 13 日です。せっかくの機会なので，1 回目の講演の翌日に，児童の親御さんを対象にアンケートをお願いすることにしました。質問項目は，「1. お住まいの集落名」，「2. 居住年数」，「3. まつぼり風を知っているか？」，「4. まつぼり風で怖い体験をしたことがあるか？」，「5. まつぼり風による被害の経験があるか？」，「6. その他まつぼり風について何かあれば」という 6 項目で，3 ～ 6 については自由記述としました。この分析結果をまとめたものが松山ほか（2014）になります。ここではその主要部分について紹介します。

アンケートに回答いただいた世帯数は全部で 25 でした。当時，大津東小学校に通っていた児童の全世帯数は 35 だったので，これは，かなり高い回答率であると言えます。松山ほか（2014）では，アンケート結果のうち質問項目 3 ～ 6 の自由記述に注目して，「まつぼり風吹走地域に暮らす人々のまつぼり風に対する意識が，何か統一した規準で説明できるのか？」について調べました。具体的には，多変量解析の一つである数量化Ⅲ類（質的なデータに対する主成分分析）を行いました。

分析に際し，アンケート中の自由記述からキーワードを主観的に抽出しました(図 4-7)。この図中のキーワードは，下線が引かれている「まつぼり風」，「学校」，「台風」，「すごい風」になります。同じ概念を表すものは適宜集約したところ，複数のアンケートに出てきたキーワードは 56 個になりました。自由記述に何かしらの記述があったアンケートは全部で 23 枚でしたので，23 × 56 という行列を作り，青木（2002）を利用して数量化Ⅲ類を施したところ，図 4-8 のような

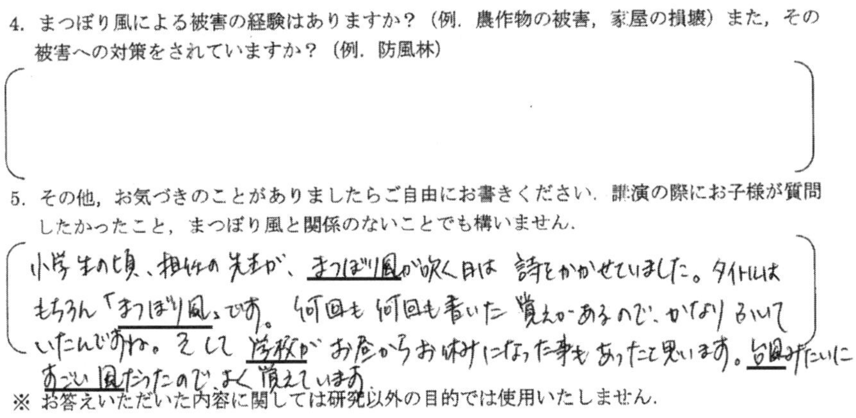

4. まつぼり風による被害の経験はありますか？（例．農作物の被害，家屋の損壊）また，その被害への対策をされていますか？（例．防風林）

（　　　　　　　　　　　　　　　）

5. その他，お気づきのことがありましたらご自由にお書きください．講演の際にお子様が質問したかったこと，まつぼり風と関係のないことでも構いません．

（小学生の頃、担任の先生が、まつぼり風が吹く日は詩をかかせていました。タイトルはもちろん「まつぼり風」です。何回も何回も書いた覚えがあるので、かなり吹いていたんですね。そして学校がお昼からお休みになった事もあったと思います。台風みたいにすごい風だったので、よく覚えています）

※ お答えいただいた内容に関しては研究以外の目的では使用いたしません．

図 4-7　2011 年 7 月に大津東小学校で実施したアンケート結果の例
抽出したキーワードに下線を引いた。松山ほか（2014）による。

三極構造（第 1 象限 , 第 3 象限 , 第 4 象限にキーワードがプロットされ , 全体として三角形状の散布図になること）が得られました。数量化Ⅲ類では, 第 1 軸（図 4-8 の横軸）と第 2 軸（図 4-8 の縦軸）はそれぞれ，主成分分析の第 1 主成分と第 2 主成分に相当します。なお, 図 4-8 では第 1 軸と第 2 軸の寄与率はそれぞれ, 10.6% と 10.4% でした。

図 4-8 中にはキーワードが 56 個プロットされ，それぞれ第 1 軸と第 2 軸に対する得点（カテゴリースコアと言います）があります。図 4-8 の点線で囲まれたのは一般性の高いキーワードですが，ここでは図 4-8 を特徴づけている外れ値に注目します。図 4-8 の第 1 象限の外れ値は,「突風」,「横から」,「体が飛ばされる」,「学校」,「風力発電」です。これらから想起される概念は，自然現象としての「まつぼり風の強さと吹き方」です。一方, 第 3 象限の外れ値は,「大林」,「瀬田」,「脱粒」，「吹き飛ばされる」，「作物」，「イガ」，「麦」，「大豆」，「被害」です。これらから想起される概念は，「強風域における農作物の被害」です。さらに，第 4 象限の外れ値は，「ビニールハウス」，「野菜」，「対策なし」，「2 ～ 3 日吹く」，「葉」です。これらは第 3 象限の外れ値に似ていますが，筆者たちはこれを「まつぼり風に対する諦め」と解釈しました（詳しくは松山ほか , 2014 に書きました)。つまり，まつぼり風に対する大人たちの意識は，下線を引いた 3 つの概念で代表で

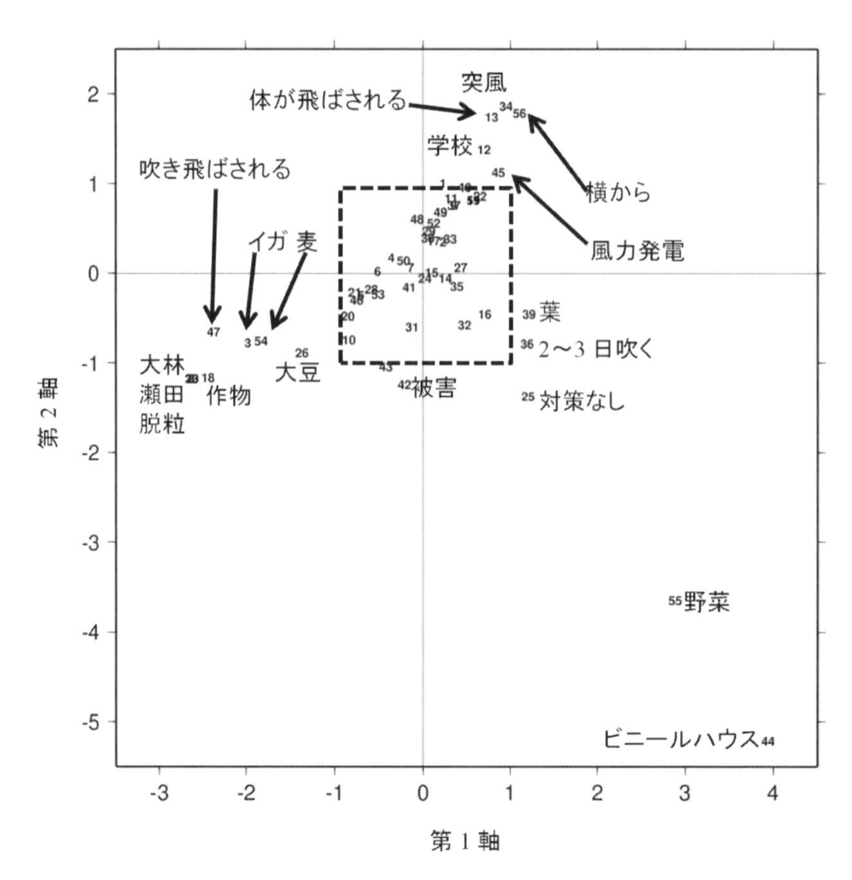

図 **4-8**　複数のアンケートに出てきた **56** のキーワードに数量化Ⅲ類を施した際の第 **1** 軸と第 **2** 軸のカテゴリースコアの散布図
松山ほか（2014）による。

きることになります。

それでは，大津東小学校に通う児童たちは，まつぼり風をどのように捉えているのでしょうか？ 2 回目にお話しさせていただいた後の 2013 年 1 月，筆者たちの話を聞いた児童 55 名の感想文が送られてきました（図 4-9）。そこで，ここまで述べてきたのと全く同じ方法で感想文を分析してみました（松山 , 2014）。

図 4-10 は，55 人× 59 個（キーワード）という行列に数量化Ⅲ類を施した際の第 1 軸と第 2 軸のカテゴリースコアの散布図です。寄与率は，第 1 軸が 8.3%,

きょうはかぜのことをおしえ
てくれてありがとうございまし
た。あさくるときのだいかんば
しをわたっているときにとばされ
そうなときがあります。あとうんど
うじょうを5しゅうは
してるときもか
ぜがつよいで
す。
1ねん　　より

図 **4-9**　小学校 **1** 年生の感想文の例
抽出したキーワードに下線を引き，
氏名は秘匿した。松山(2014)による。

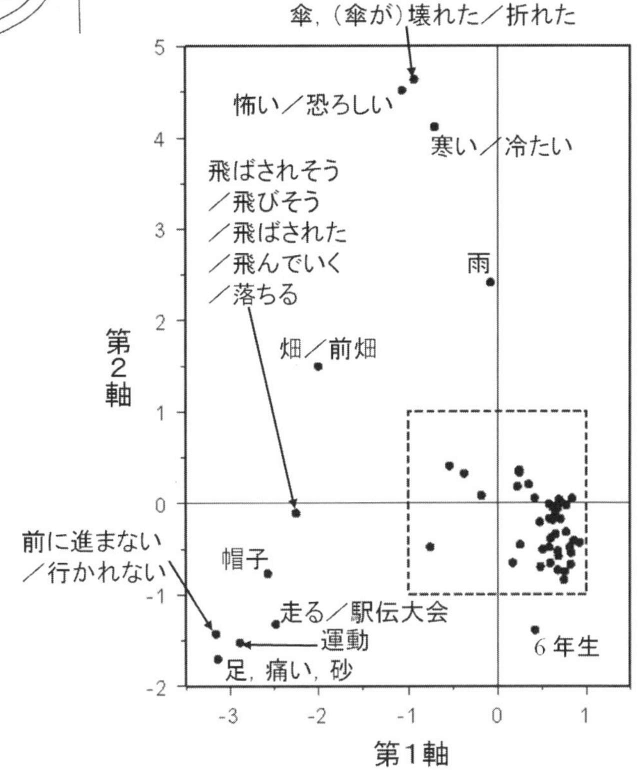

図 **4-10**　複数の感想文で取り上げられた **59** のキーワードに
数量化Ⅲ類を施した際の第 **1** 軸と第 **2** 軸のカテゴリースコアの散布図
松山（2014）による。

第 2 軸が 5.9% でした。図 4-10 は図 4-8 同様三極構造になっており，ここでも外れ値に注目します。第 2 象限の外れ値は「傘」,「（傘が）壊れた／折れた」,「怖い／恐ろしい」,「寒い／冷たい」,「雨」になり，これらから想起される概念は「まつぼり風に対する恐怖」です。第 3 象限の外れ値は，「足」,「痛い」,「砂」,「前に進まない／行かれない」,「運動」,「走る／駅伝大会」,「帽子」,「飛ばされそう／飛びそう／飛ばされた／飛んでいく／落ちる」になり，これらから想起される概念は「まつぼり風に関する野外経験」になります。

第 4 象限の外れ値は「6 年生」です。これだけでは第 4 象限を特徴づけているものが何か分からないので，第 4 象限に分布するキーワードのうち抽出された回数が多いものを調べたところ，「(この）地域／地形に独特（のもの)」,「坂本さん／来年から来る大学生」,「風日記」,「調べる／調査」,「研究」,「予測／予想／予報」などが上位に来ました。つまり, 第 4 象限の極を特徴づけている概念は「まつぼり風に関する知的興味」であると考えられます。6 年生というのは，本文でも述べた「風日記」をつけている学年になります。

これら 2 つの分析より，大人（保護者）と子ども（小学生）とでは，まつぼり風に対する意識が大きく異なることが分かります。しかしながら，子どももいずれは成長して大人になるわけであり，波線をつけた「子どもの意識」が，下線をつけた「大人の意識」にどう変わっていくかということには興味深いものがあります。それを明らかにするためには，この地域の中学校や高校で同様のアンケート調査をして分析すればよいのですが，それはまだ果たしていません。

「まつぼり風に対する人々の意識」に関する一連の研究の原動力となったのは，1 回目のアンケートの際にいただいた,「私たちは，子どもの頃からまつぼり風のことが普通でしたので,「あ～，また吹いてる！！」位の考えしかありませんでした。研究されると初めて聞いた時,「えー」とびっくりする気持ちと,「あー，なるほど！！」と自分の中で何か気づかされた気持ちでした。ぜひ研究して分かったことがありましたら，私たちにも教えて下さい。」という御意見でした。研究成果は大津東小学校を通じて各家庭にもフィードバックしており，少しは期待に応えられたのではないかと思っています（この御意見は，今，読み返してみると，第 7 章に出てくる阿蘇の温泉宿の御主人のコメントにも通じるところがあります)。また，1 回目のアンケート作成に際し，内容について事前にあまりよく吟味しなかったため，基本的質問事項である年齢・性別を問わなかったことが，後々，アンケート結果を解釈する際に大きく響いてきました。解析の段階でアンケート調査に関する教科書を読み直したりして，改めて自分たちの不勉強を思い知った次第です。

（松山 洋・泉 岳樹）

引用文献

青木繁伸 2002. Black Box–data analysis on the WWW–. http://aoki2.si.gunma-u.ac.jp/BlackBox/BlackBox.html.（2013 年 5 月 26 日確認）

Inamura, T. 2013. Diagnostic study on mechanisms of a local downslope wind storm and effects of climate change on its occurrence. PhD Thesis, Graduate School of Urban Environmental Sciences, Tokyo Metropolitan University.

稲村友彦・岩崎一晴・齋藤 仁・中山大地・泉 岳樹・松山 洋 2009. 阿蘇山の特徴的な地形が局地風「まつぼり風」に及ぼす影響に関する数値実験 . 天気 56: 123-138.

黒瀬義孝・大場和彦・丸山篤志・真木太一 2002a. 局地風「阿蘇おろし」の特徴 . 農業気象 58: 93-101.

黒瀬義孝・大場和彦・丸山篤志・真木太一 2002b. 局地風「まつぼり風」の特徴とその農業被害 . 農業気象 58: 103-113.

松山 洋 2014.「まつぼり風」に対する吹走地域居住者の意識―（2）大津東小学校に通う児童の言説を対象として―. 地学雑誌 123: 378-387.

松山 洋・稲村友彦・泉 岳樹 2014.「まつぼり風」に対する吹走地域居住者の意識―大津東小学校でのアンケート結果を事例に―. 地学雑誌 123: 69-81.

小野寺三朗 1975.「まつぼり風」について . 天気 22: 139-143.

坂本 壮・稲村友彦・泉 岳樹・松山 洋 2014.「まつぼり風」の吹走範囲と吹走メカニズムに関する実証的研究～現地観測とメソ気象モデルに基づいて～ . 天気 61: 977-996.

吉野正敏 1968. 阿蘇のマツボリ風地域における耕地の防風林と防風垣 . 農業気象 23: 183-185.

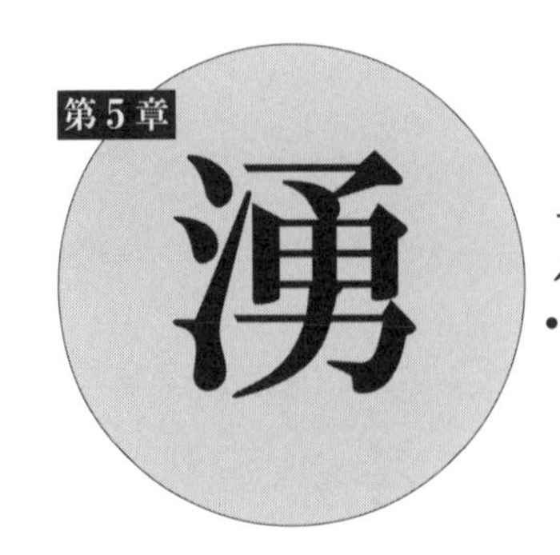

水を調べる

晴天時と大雨時に着目して

❖ この章で取り上げるフィールド調査の教訓

調査はみんな神頼み

(1) 天気だけは自力ではどうにもならない。

(2) 悪天を逆手に取った観測もある。

通常の湧水調査

2013年10月には，台風26号が伊豆大島で大規模な土砂災害を引き起こし，また台風27号も前線を刺激して大雨を降らすなど，この月の東京は降水量，降水日数ともに多い月でした。じつは10月は，地理情報学研究室では東京の湧水調査をする月になっており（成宮ほか, 2006; 宮野ほか, 2013），毎朝，気象庁のWeb Siteを見ては悶々とする日々でした。というのも，降水の直後に調査に行ったのでは，湧水の水質に降水の影響が現れてしまうからです。

本研究室では，毎年10月と2月に，東京都内にある30の湧水（図5-1，許可なしでは入れないところもあるため, 2013年10月現在は26の湧水）で調査を行っています。東京の10月は1年の中で地下水位が高い時期（豊水期），2月は地下水位が低い時期（渇水期）に当たります。これら30の湧水では，1980年代後半から豊水期と渇水期に，東京都によって湧出量や水温，水質の観測が行われていました（例えば東京都環境局自然環境部編, 2002）。しかしながら，調査は2001年に中止になりました。

地球温暖化や都市化の影響で東京の気温は上昇しています。湧水の温度は地中温度を反映していると考えられますから，2001年で観測を中止するのは大変

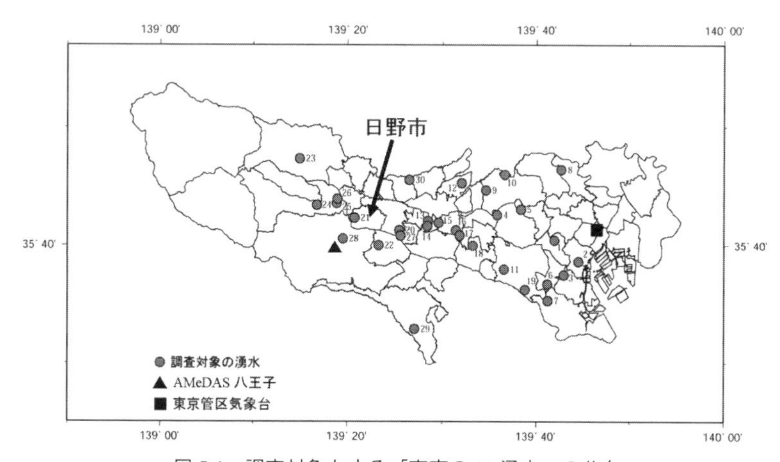

図 **5-1**　調査対象とする「東京の **30** 湧水」の分布
2013年10月現在，4（原寺分橋下），5（都営鷺宮第7住宅脇橋），13（日立中央研究所），18（都立農業高校神代農場）では観測を行っていない。日野市，AMeDAS 八王子と東京管区気象台（表5-1）の位置も示す。

惜しいことなのです。そして，このことに気づいた成宮博之さん（2005年度の卒論生，現：朋優学院高等学校）がこの年から湧水の観測を再開し（成宮ほか，2006），今日に至ります。その後も，湧水に興味のある学生が研究室に入ってきた時には観測を任せ（宮野ほか，2013），そういう学生がいない時には，年に2回，松山自らが調査に出向いています。豊水期と渇水期に調査に行くのは，水質調査のバイブル（半谷・小倉，1995）に従っています。

降水の影響を極力排除するため，本研究室では，「湧水の最寄りのAMeDAS観測地点で降水が最後にみられてから3日目以降」に湧水の調査を行っています。3日目というのは試行錯誤で決めました。特に，10月の調査では周期的に天気が変化しますから，3日以上続けて晴れることを期待するのは難しいのです。また，現場で採ってきた水に含まれるシリカという物質の濃度（地下水の滞留時間や流動距離の指標，例えばHaines and Lloyd, 1985）を研究室で測りますが，「シリカに対する水と土壌の間の化学反応は3日間で平衡に達する（Wels et al., 1991）」と言われていることも，降水が最後にみられてから3日目以降に湧水の調査を行う根拠の一つになっています。しかしながら，授業や会議等があるため，調査可能日に必ずしも調査に行けるとは限らないところが辛いところです。

表 5-1　2013 年 9 月 28 日～ 11 月 10 日における AMeDAS 八王子と東京管区気象台における降雨の有無

年月日	曜日	調査日	AMeDAS 八王子	東京管区 気象台
2013/9/28	土		○	○
2013/9/29	日		○	○
2013/9/30	月		○	○
2013/10/1	火		●	●
2013/10/2	水		●	●
2013/10/3	木		○	●
2013/10/4	金		●	●
2013/10/5	土		●	●
2013/10/6	日		●	●
2013/10/7	月		●	○
2013/10/8	火		○	○
2013/10/9	水		○	○
2013/10/10	木		○	●
2013/10/11	金		●	●
2013/10/12	土		○	○
2013/10/13	日		○	○
2013/10/14	祝	◎	○	○
2013/10/15	火		●	●
2013/10/16	水		●	●
2013/10/17	木		○	○
2013/10/18	金		○	○
2013/10/19	土		●	●
2013/10/20	日		●	●
2013/10/21	月		○	○
2013/10/22	火		●	○
2013/10/23	水		○	○
2013/10/24	木		●	●
2013/10/25	金		●	●
2013/10/26	土		●	●
2013/10/27	日		○	○
2013/10/28	月		○	○
2013/10/29	火		●	●
2013/10/30	水		●	○
2013/10/31	木		○	○
2013/11/1	金	◎	○	○
2013/11/2	土	◎	○	●
2013/11/3	日		○	○
2013/11/4	祝		●	●
2013/11/5	火		○	○
2013/11/6	水		○	○
2013/11/7	木		●	●
2013/11/8	金		○	○
2013/11/9	土		●	○
2013/11/10	日	◎	○	○

例として，表 5-1 には，AMeDAS 八王子と東京管区気象台における 2013 年 9 月 28 日～ 11 月 10 日の日々の降水の有無を示しました。それにしてもこの表からは，数日おきに 0.5 mm/ 日以上の降水がみられたことが分かります。また，台風 26 号がやってきた 10 月 15 ～ 16 日には 200 mm 近い降水量となり，これを 0.5 mm/ 日の降水と同一に扱ってよいのかについても悩みました。この時には「1 週間は観測をしない」ことにしましたが，その 1 週間以内に（10 月 19 ～ 20 日），結構な量の降水が観測されたため，結局，10 月に調査できたのは 10 月 14 日だけでした。天気だけは自力ではどうしようもありません。

過去の調査と比較しても，こんなに天気が悪く悶々とした 10 月は初めてでした。「湧水は夏冷たく冬暖かい」とよく言われますが（図 5-2），それ

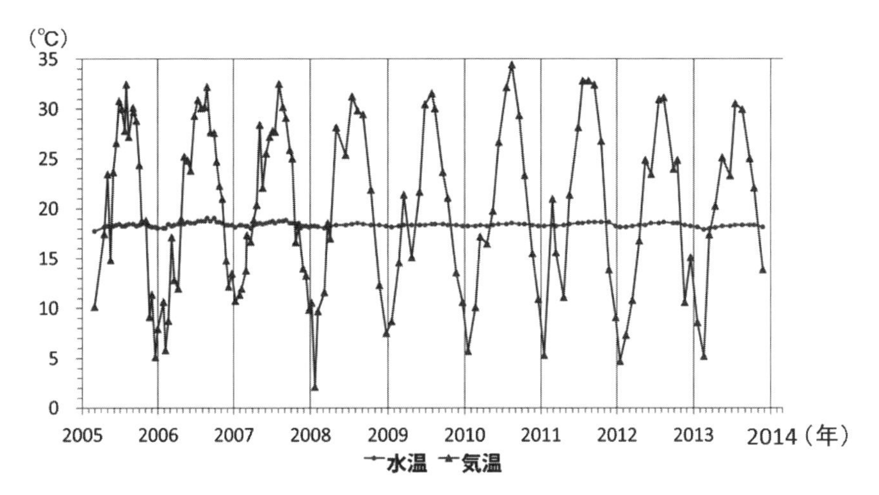

図 **5-2**　氷川神社（図 **5-1** の **3**）における気温と水温の時系列
2005 ～ 2013 年，成宮博之さんによる。

でも豊水期と渇水期では前者の方が水温は高くなる傾向にあるため（成宮ほか , 2006; 宮野ほか , 2013），調査はなるべく短期間で済ませたいのです。2013 年の豊水期の場合，11 月 1 日，2 日，10 日に頑張って何とか調査は終了しましたが（表 5-1），心理的にしんどい 41 日間でした。

このように，気象条件を揃えて観測を行った結果，図 5-1 中の多くの湧水で水温は上昇傾向にあり，しかも統計的にも有意な地点が多数みられることが明らかになっています。興味のある方は成宮ほか（2006）と宮野ほか（2013）を御覧いただければ幸いです。

大雨の後に湧水調査に行くことも

このように，普通は，降水の影響が出にくい時を狙って湧水の調査に行きますが，逆に，大雨の直後に湧水の調査をしたこともあります。ここではその話（成宮ほか , 2009）も紹介したいと思います。

「東京の 30 湧水」の調査をしていた成宮さんは，東京都日野市が熱心に湧水の観測をしていることに気付きました。日野市では毎月 2 回，市内の湧水や井戸で湧出量，水温，水質の調査が行われています（小室・小倉 , 2012）。日野市に

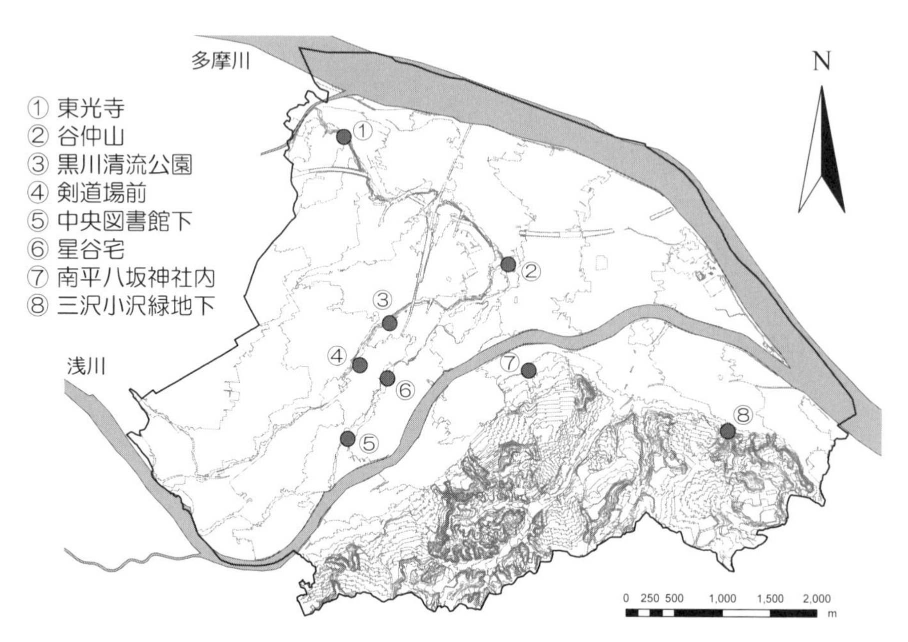

図 **5-3** 日野市の地形図（等高線の間隔は **4 m**），および調査対象とした湧水の分布
成宮ほか（2009）による。一部修正。

は日野台地が広がっており，主として崖下で多くの湧水がみられるのです（図5-3）。

日野市環境共生部緑と清流課から提供していただいた，1990 ～ 2005 年における湧水 8 地点の水温の季節変化を描いてみると，水温の季節変化が小さい湧水 6 つと大きい湧水 2 つがあることに成宮さんは気づきました（図 5-4）。前者は図 5-2 のように，「夏冷たくて冬暖かい」湧水らしい湧水ですが，後者の季節変化が大きくなるのはなぜでしょうか？

成宮さんは，「後者 2 つの湧水は浅いところを流れる地下水が湧出するのだろう」と考えました。日野市には温泉はないため（金原 , 1992），地中温度の季節変化は地表面熱収支のそれを反映していると考えられます。また，浅いところを流れる地下水は，深いところを流れる地下水よりも地中の滞留時間が短くなり，大雨直後の水質には降水の影響が現れることが期待されます。実際，この頃成宮さんが読んでいた論文の中に,「近接する真姿の池（図 5-1 の 14）と貫井神社（図

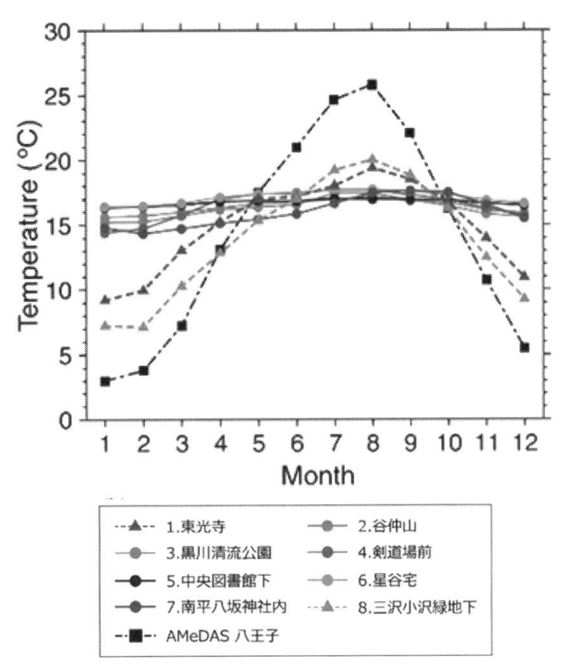

図 **5-4**　日野市の **8** つの湧水（図 **5-3**）における月平均水温（**1990** ～ **2005** 年の平均値）
近接する AMeDAS 八王子（図 5-1）の気温も同時に示す。成宮ほか（2009）による。一部修正。

5-1 の 15）の水質が，大雨直後には大きく異なり，湧出機構が異なる可能性が示唆される」というのがありました（平野・小倉 , 1992）。

この時（2006 年 9 月～ 2007 年 10 月）の調査では，「水温の季節変化が大きい湧水では降水が速やかに湧出するため，大雨の直後には湧出量が増え，電気伝導度やシリカ濃度が低下する。一方，水温の季節変化が小さい湧水では，大雨の直後に湧出量が増えても電気伝導度やシリカ濃度の低下はみられない」ことを確認することにし，実際，「自然は裏切らない」結果が得られました（成宮ほか , 2009）。しかしながら，そんなに都合よく，大雨が降るものでしょうか？

大雨の基準は，近接する AMeDAS 八王子の年降水量（1979 ～ 2000 年の準平均値で 1,572 mm）の 1 割となる約 150 mm の雨が一雨で生じる場合とし (以下「大雨」とします)，一雨とは 24 時間の無降雨期間で区切られる降雨イベントとしました（気象庁統計課 , 1960）。「大雨」と比較するために，前節で述べた通常時の調査も毎月1回行いましたが，「大雨」時と通常時の水質の差を検定するために平均値と標準偏差が必要です。つまり，最低3回は「大雨」が観測されなければなりませんが，一雨雨量約150 mmという条件は，「降水が最後にみられてから3日間降水がない」という通常時の観測とは比較にならないほど難しいものです。こちらも，自力ではどうしようもありません。

調査期間に定めがないのであれば，「大雨」が降るのを待てばよいのですが，成宮さんの修士論文の〆切は2008年1月上旬でした。つまり調査期間は，成宮さんがアイデアを思い付いた2006年9月から最長でも2008年1月までということになりますが，この期間には4回ほど「大雨」がみられました（図5-5）。秋雨前線や台風などのほか，2006年12月に観測史上初めて「大雨」となったことは幸運でした。ちなみにこの時（2006年12月26～27日）の「大雨」は，急激に発達した低気圧が日本の南海上を北東進することによって生じたものでした。

「大雨」になりそうな期間中，成宮さんは頻繁に気象庁のWeb Siteにアクセスして雨量をチェックしていました。湧出量の観測は一人ではできないので，「大雨」の最中に多くの後輩にメールで翌日の予定を確認し，「大雨」の条件を満たしては調査に狩りだしたと言います。日野市の調査・研究は，現場が近いだけでなく，本当に多くの方の協力があったからこそ実現できたものだと思います。

筆者（松山）は，図5-5の期間に得られた知見（成宮ほか, 2009）の一般性を確認すべく，2008年1月～2009年3月の間，引き続き「大雨」時と通常時に

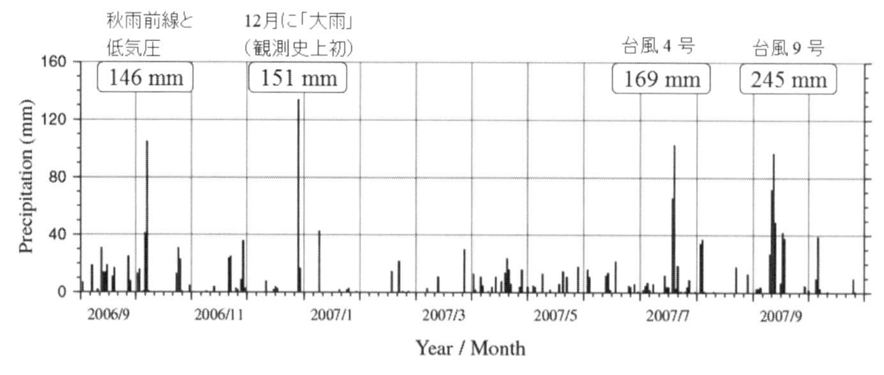

図5-5　2006年9月～2007年10月のAMeDAS八王子における日降水量と「大雨」
気象庁のWeb Siteにより成宮博之さん作成。

日野市の湧水調査を行いました。通常時の調査はともかく，2008年1月～2009年3月に生じた「大雨」は，8月21～26日の165.5 mmと，8月28～31日の280.0 mmの2回だけでした（平成20年8月末豪雨，例えば齋藤ほか, 2008)。本稿を執筆するに際し，2007年11～12月の「大雨」も調べてみましたが，一雨雨量150 mmに達する事例はありませんでした。つまり，成宮さんが修士論文を書く年が1年遅かったならば，せっかくのアイデアも実現困難だったことになります。これも一つの「運と勘」（第1章）でしょうか？

繰り返しになるかもしれませんが，全く同じ条件ではやり直しがきかず，運を天に任せ，一発勝負で得た現地観測データに基づいて研究を進めることは，自然地理学の醍醐味の一つだと思います。

東京の水環境の将来

この先，東京の水環境はどのように変わっていくのでしょうか？ この点について，最近公表された宮野ほか（2013）を読んだ方から，「今後，20～30年間研究が続くと思います」というコメントをいただいたのは，大変心強かったです。最初の論文（成宮ほか, 2006）が2006年，次の論文（宮野ほか, 2013）が2013年に公表されましたから，これからも7年ごとに論文を書けるように東京の湧水の調査を続けていきたいと思います。ちょうど2020年には東京オリンピックが開かれ，2027年にはリニア中央エクスプレスの開業が予定されています。その時に東京の水環境がどのような変化を遂げているのか，年2回の観測をこれからも続け，しっかりと記録していきたいと思います。

（松山 洋）

【コラム 6】

地下水流動シミュレーション

湧水は，地下水が地上に湧き出したものであり，地下水は目に見えない地中を流れています。そのため，本章や第 3 章で述べたように，いろいろな視点から湧水を分析することによって，地下水流動を推定することになります。本章や第 3 章で述べた話は現地観測に基づくアプローチですが，地下水流動の推定方法の一つに数値シミュレーションがあります。このコラムでは，3 次元地下水流動解析モデルを用いて, 武蔵野台地の浅層地下水循環について推定した研究（久富ほか , 2015）を紹介します。

シミュレーションに用いたソフトウェアは，アメリカ地質調査所が開発した MODFLOW（McDonald and Harbaugh, 1988）です。これは，有限差分法による 3 次元地下水流動解析モデルであり，3 次元の地下水位分布を再現するのに有効であるとされています。本研究では Schlumberger Water Services が提供する「Visual MODFLOW Flex Professional v2011.1」を用いてシミュレーションを行いました。

まず，国土交通省（2013a）を利用して，武蔵野台地を取り囲む多摩川と荒川をモデル上に表現し，この 2 つの河川は時間的な水量の変動がない地域として設定しました。次に，武蔵野台地の地形を東西方向 1 km，南北方向 1 km のグリッドで表現しました（図 5-6）。モデルの鉛直構造は 3 層としました。上から 1 層目をローム層，2 層目を砂礫層，3 層目を泥層とし，東京都土木支援・人材育成センター（2013）の柱状図から各層の厚さを読み取りました。透水係数は，国土交通省国土技術政策総合研究所（2006）に基づいて設定し，それ以外のパラメータは MODFLOW のデフォルト値としました。研究対象地域の辺縁部および底面部は，周囲からの水の移動がない非流動境界としました。

地下水位の変化と土地利用との関係について考察するため，1 km メッシュの土地利用データ（国土交通省，2013b）を使用しました。用いたのは，1976 年，

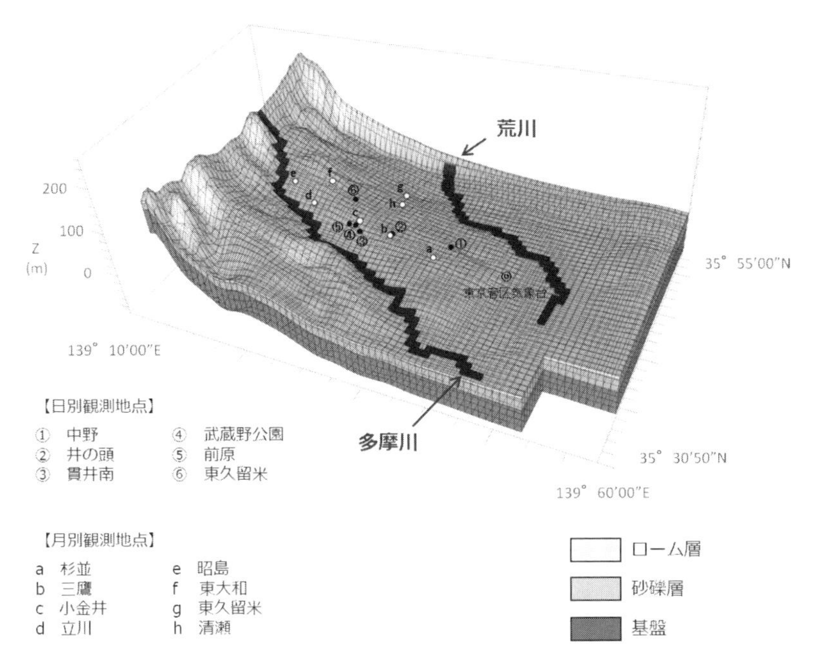

図 **5-6**　モデル化された解析対象範囲の地質構造，および東京都土木技術支援・人材育成センターによる地下水の日別／月別観測が行われている **14** 地点（**2005** ～ **2013** 年）
久富ほか（2015）による。一部修正。

1987 年，1991 年，1997 年，2006 年，2009 年のデータです。モデルに与える地下水涵養量は，東京管区気象台（図 5-1）における日降水量とポテンシャル蒸発量（近藤 , 1998）から推定しました（1976 ～ 2012 年）。上述した土地利用データを用いて透水面・不透水面の割合を各メッシュごとに求め，地下水涵養量を算定しました。また，土地利用ごとに定義された係数（近藤 , 1998）にポテンシャル蒸発量を乗じることで，各メッシュごとの実蒸発散量を求めました。地下水位の初期値は各地点の標高とし，1976 ～ 2012 年について地下水位の計算を 1 日ごとに行いました。なお，最初の 1 年（1976 年）は解析に用いませんでした。

計算結果と観測結果を図 5-7 に示します。なお，2006 ～ 2012 年に観測された毎日の地下水位は，東京都土木技術支援・人材育成センターによるものです。この図から，季節変化や降雨に伴う変動といった大局的な地下水の変動傾向は再現できていることが分かります。相関係数に関する t 検定を施したところ，6 つの

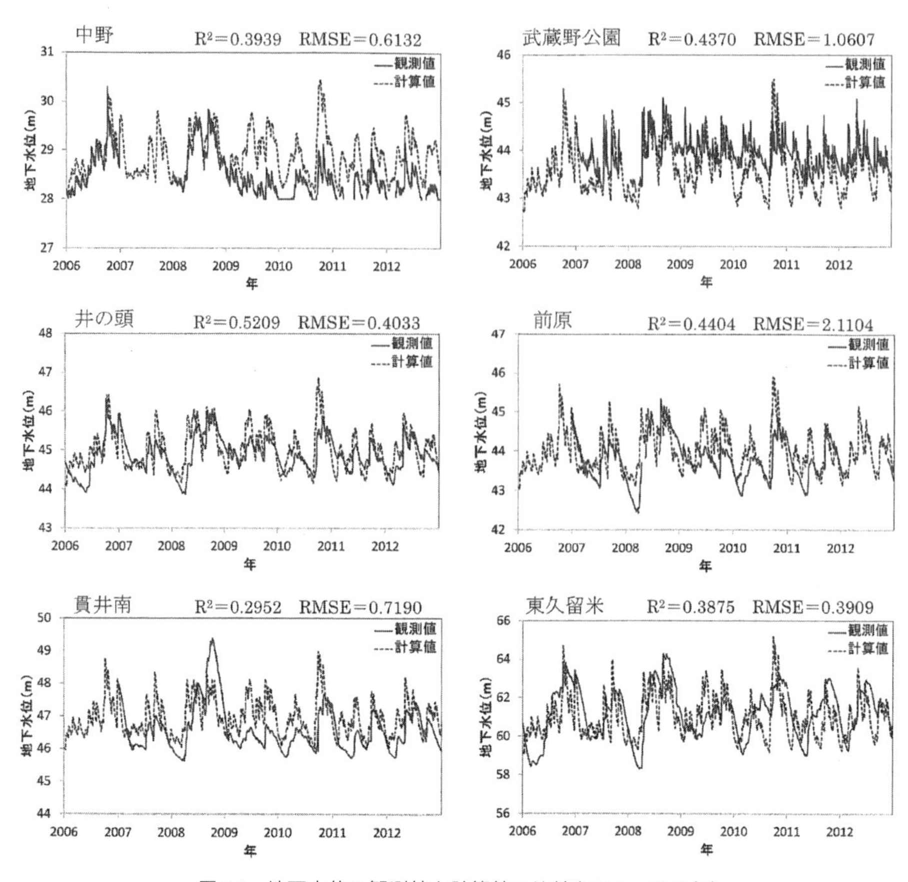

図 **5-7**　地下水位の観測値と計算値の比較（**2006**～**2012** 年）
久富ほか（2015）による。一部修正。

観測地点全てにおいて統計的に有意な結果が得られました（危険率 5 %，以下同じ）。また，1977 ～ 2012 年の地下水位の変動傾向について調べると，どの地点でも地下水位が統計的に有意な低下傾向にあることが分かりました。一方，東京管区気象台の降水量には統計的に有意な増加傾向がみられましたので，地下水位の変動には，降水量以外の何かが影響していることになります。

図 5-8 は，1976 ～ 2009 年の建物用地面積の変化率と 1977 ～ 2012 年の地下水位の変化量との関係を示したものです。この図から，両者の間には高い相関関係

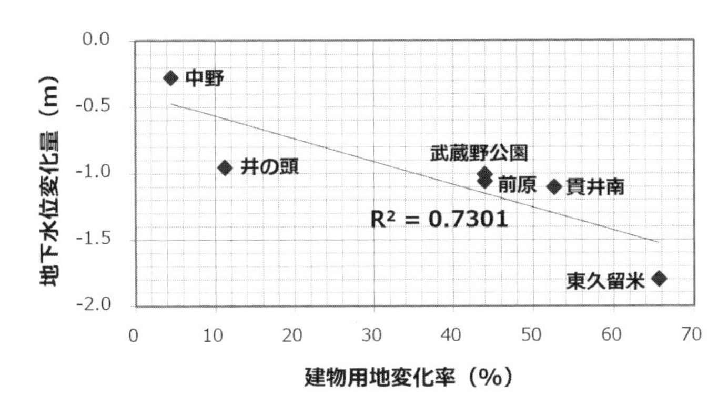

図 5-8　1976 ～ 2009 年における建物用地の変化率と 1977 ～ 2012 年における地下水位変化量との関係
久富ほか（2015）による。一部修正。

がみられることが分かります。すなわち，建物用地などの不透水面の増加が地下水涵養量の減少をもたらし，地下水位の低下につながっていると考えられます。特に，1976 年から約 1.8 m の水位低下が生じた東久留米は，1976 年の時点で都市化や宅地化がほとんど進んでおらず，2009 年にかけて大きく不透水面が増加したため，地下水位の低下が引き起こされたと考えられます。

このように，過去約 40 年間に武蔵野台地で生じた地下水循環の様子は，MODFLOW によってよく再現されました。そこで，将来の地下水循環がどのように変化するのか，IPCC（2013）に向けた第 5 期結合モデル相互比較計画の実験で用いられている大気大循環モデル（GCM: General Circulation Model）のうちの 4 つの出力（2013 ～ 2050 年）を利用して調べました。それらは，MIROC5（河宮，2013），MRI-CGCM3（Yukimoto et al., 2012），GFDL-CM3（Donner et al., 2011），IPSL-CM5A-LR（Dufresne et al., 2011）です。これら，4 つの GCM による日降水量とポテンシャル蒸発量（日平均気温から推定）を用いて，地下水位の長期予測に関するアンサンブル実験を行いました。境界条件や地形・地質，河川等のデータは，4 つ前の段落で用いたものを使用しました．同様に，地下水位の初期値は，2 つ前の段落で計算した 2012 年 12 月 31 日のものとしました。土地利用は 2013 ～ 2050 年で変化させず，2009 年の土地利用データを統一して使用しました。

図 5-9 は，2013 ～ 2050 年の中野における地下水位を示したものです。IPSL-

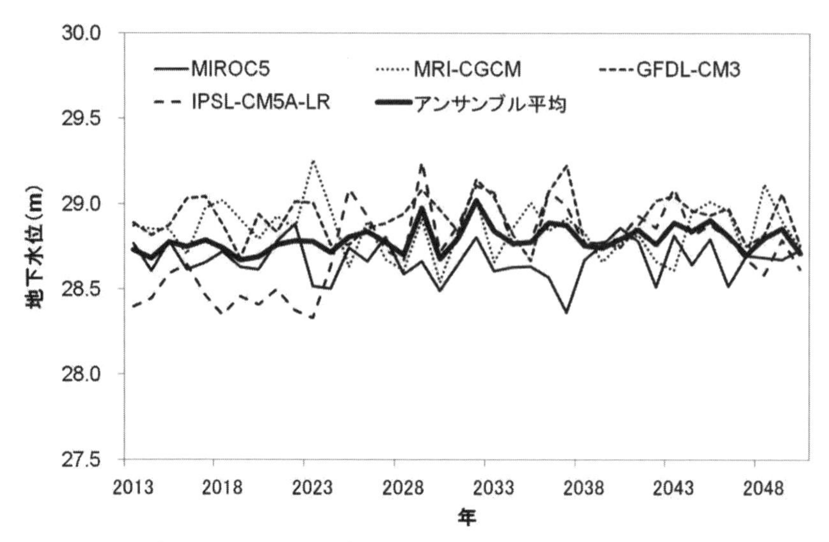

図 **5-9**　中野において，それぞれの大気大循環モデル（**GCM**）の出力結果を **MODFLOW** への入力として算出した地下水位と，それらのアンサンブル平均値
久富ほか（2015）による。

CM5A-LR の出力を用いた場合と結果のアンサンブル平均値には，統計的に有意な地下水位の上昇傾向がみられましたが，その他の GCM の出力を用いた場合には有意な変化傾向は得られませんでした（MIROC5 の出力を用いた場合には，地下水位は上昇傾向になりました）。また，4 つの GCM の降水量は，2013 ～ 2050 年に有意な増加傾向はみられませんでした。

図 5-8 同様，地下水位の変動には降水量の長期変動以外の何かが影響していることになりますが，ここでは降水強度に注目します。図 5-10 に各 GCM における（a）2013 ～ 2022 年の日降水量のヒストグラム，（b）2041 ～ 2050 年の日降水量のヒストグラム，（c）（b）-（a）を示します（それぞれ，将来予測実験をした最初と最後の 10 年間に相当します）。図 5-10 から，MIROC5 と IPSL-CM5A-LR は日降水量が 0 ～ 20 mm の階級と 80 mm 以上の階級が将来的に減少する傾向にあり，日降水量が 20 ～ 60 mm と中程度の階級が増加する傾向にあることが分かります。この特徴がみられる GCM（MIROC5，IPSL-CM5A-LR）は，地下水位の上昇傾向がみられたものになります。すなわち，日降水量 20 ～ 60 mm という適度な強さの日降水量の増加が地下水位の上昇に大きく影響していると言えます。

(a)

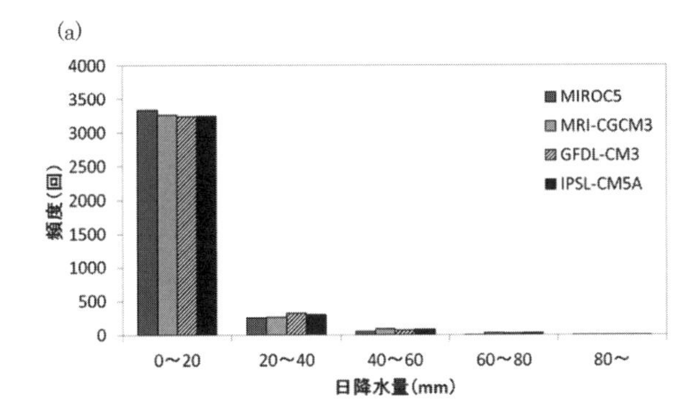

(b)

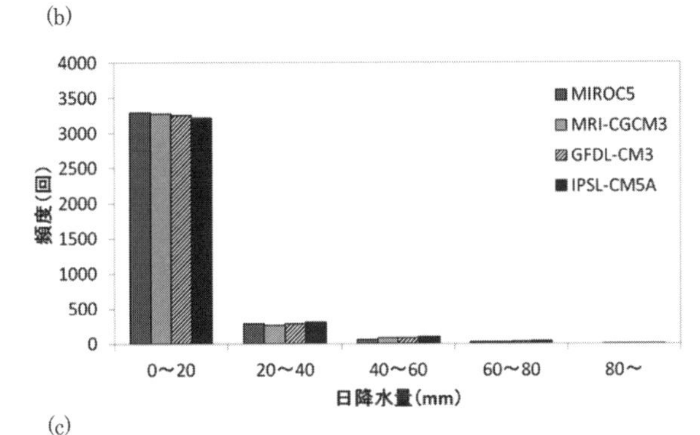

(c)

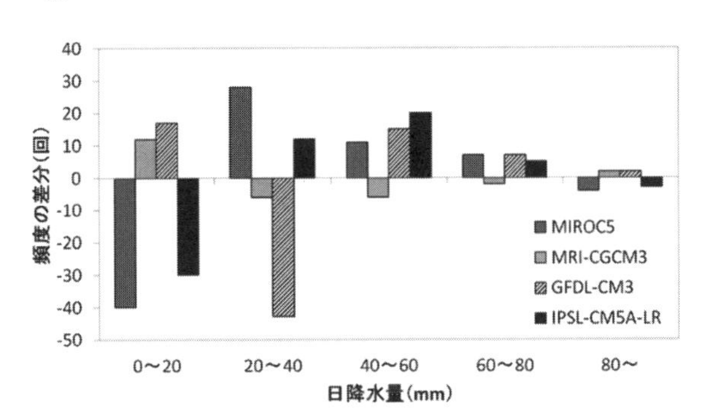

図 5-10　それぞれの大気大循環モデル（**GCM**）による降水量データのヒストグラム
(a) 2013 ～ 2022 年,
(b) 2041 ～ 2050 年,
(c) 両者の差（b-a）。
久富ほか（2015）による。

降水イベント 1 回当たりの降水量が多すぎると, 地中が飽和状態になりやすく, 地表面流出によって失われる量が増えるため, 地下水位は上昇しにくくなります. 反対に, 降水イベント 1 回当たりの降水量が少なすぎても, 蒸発散によって大気中に戻る量が大きくなり, 地下水位は上昇しにくくなります. つまり, 強すぎず弱すぎない適度な強さの降水量が将来的に増加することによって，地下水位が上昇すると考えられるのです.

このように，数値シミュレーションによって予測された地下水循環の変化が，将来，実際に起こるかどうかを確認するのも観測の楽しみと言えるでしょう。湧水や地下水の調査は一見地味なものですが，将来の楽しみが増えました。また，東京都内の湧水調査について興味のある方は，科学技術振興機構（2005）も合わせて御覧いただければ幸いです。

（松山 洋）

引用文献

Donner, L.J., Wyman, B., Hemler, R. S., Horowitz, L., Ming, Y., Zhao, M., Golaz, J. C., Ginoux, P., Lin, S. J., Schwarzkopf, M. D., Austin, J., Alaka, G., Cooke, W. F., Delworth, T. L., Freidenreich, S., Gordon, C. T., Griffies, S., Held, I., Hurlin, W. J., Klein, S. A., Knutson, T. R., Langenhorst, A. R., Lee, H. C., Lin, Y., Magi, B. I., Malyshev, S., Naik, V., Nath, M. J., Pincus, R., Ploshay, J. J., Ramaswamy, V., Seman, C. J., Shevliakova, E., Sirutis, J. J., Stern, W. F., Stouffer, R. J., Wilson, R. J., Winton, M., Wittenberg, A. T. and Zeng, F. 2011. The dynamical core, physical parameterizations, and basic simulation characteristics of the atmospheric component AM3 of the GFDL global coupled model CM3. Journal of Climate 24: 3484-3519.

Dufresne, J., Foujols, M., Denvil, S., Caubel, A., Marti, O., Aumont, O., Balkanski, Y., Bekki, S., Bellenger, H., Benshila, R., Bony, S., Bopp, L., Braconnot, P., Brockmann, P., Cadule, P., Cheruy, F., Codron, F., Cozic, A., Cugnet, D., De Noblet, N., Duvel, J. P., Ethe, C., Fairhead, L., Fichefet, T., Flavoni, S., Friedlingstein, P., Grandpeix, J. Y., Guez, L., Guilyardi, E., Hauglustaine, D., Hourdin, F., Idelkadi, A., Ghattas, J., Joussaume, S., Kageyama, M., Krinner, G., Labetoulle, S., Lahellec, A., Lefebvre, M. P., Lefevre, F., Levy, C., Li, Z. X., Lloyd, J., Lott, F., Madec, G., Mancip, M., Marchand, M., Masson, S., Meurdesoif, Y., Mignot, J., Musat, I., Parouty, S., Polcher, J., Rio, C., Schulz, M., Swingedouw, D., Szopa, S., Talandier, C., Terray, P., Viovy, N. and Vuichard, N. 2011. Climate change projections using the IPSL-CM5 earth system model: From CMIP3 to CMIP5. Climate Dynamics 40: 2123-2165.

Haines, T. S. and Lloyd, J. W. 1985. Controls on silica in groundwater environments in the United Kingdom. Journal of Hydrology 81: 277-295.

半谷高久・小倉紀雄 1995.『第 3 版 水質調査法』丸善 .

平野晃章・小倉紀雄　1992. 水質変動からみた湧泉の湧出機構推定の試み . 水利科学 36（2）: 63-79.

久富悠生・中山大地・松山 洋 2015. 武蔵野台地における浅層地下水位の長期変動解析および将来予測—MODFLOW を用いて—. 水文・水資源学会誌 28: 109-123.

IPCC（Intergovernmental Panel on Climate Change）2013. Climate change 2013: The physical science basis. Contribution of working group I to the fifth assessment report of the Intergovernmental Panel on

Climate Change. Cambridge: Cambridge University Press.
科学技術振興機構 2005. 未来を創る科学者達（72）水から見える地球の姿 . http://sciencechannel.jst.go.jp/I026904/detail/I056904072.html.（2016 年 1 月 11 日確認）
河宮未知生 2013.「21 世紀気候変動予測革新プログラム」における，CMIP5 実験仕様に基づいた温暖化予測実験 . 天気 60: 223-246.
金原啓司 1992.『日本温泉・鉱泉分布図及び一覧』地質調査所 .
気象庁統計課 1960.「ひと雨」のとり方について . 測候時報 27: 116-124.
国土交通省 2013a. 国土数値情報ダウンロードサービス. http://nlftp.mlit.go.jp/ksj/gml/datalist/KsjTmplt-W05.html.（2013 年 12 月 20 日確認）
国土交通省 2013b. 国土数値情報ダウンロードサービス. http://nlftp.mlit.go.jp/ksj/gml/datalist/KsjTmplt-L03-a.html.（2013 年 12 月 20 日確認）
国土交通省国土技術政策総合研究所 2006. 国土技術政策総合研究所プロジェクト研究報告―土壌・地下水汚染が水域に及ぼす影響に関する研究 . 国土交通省国土技術政策総合研究所 : 45-47.
小室一允・小倉紀雄 2012. 東京都日野市における湧水の水量・水質および地下水の水位・水質の変遷―20 年間（1990 ～ 2009 年）の調査結果から見えてきたこと―. 資源環境対策 48（6）: 33-40.
近藤純正 1998. 蒸発散量と降水量の気候学的関係 . 天気 45: 269-277.
McDonald, M. G. and Harbaugh, A. W. 1988. A modular three-dimensional finite-difference ground-water flow model. U.S. Geological Survey Water Resource Investment Report 06-A1: 273.
宮野 浩・泉 岳樹・中山大地・松山 洋 2013. 東京都内の湧水温の長期変化に関する研究―土地利用との関係に着目して―. 地学雑誌 122: 822-840.
成宮博之・中山大地・松山 洋 2006. 東京都内の湧水における過去 20 年間の水温変化について . 地理学評論 79: 857-868.
成宮博之・中山大地・松山 洋 2009. 湧水温と SiO_2 濃度に着目した地下水循環の推定と環境の変遷に伴う湧水の変化について―東京都日野市を事例として―. 水文・水資源学会誌 22: 223-234.
齋藤 仁・瓜田真司・松山 洋 2008. 平成 20 年 8 月末豪雨―東京都八王子市の事例―. 地理 53（11）: 110-114.
東京都土木支援・人材育成センター 2013. 東京の地盤（Web 版）. http://doboku.metro.tokyo. jp/start/03-jyouhou/geo-web/00-index.html.（2013 年 12 月 20 日確認）
東京都環境局自然環境部編 2002.『東京の湧水 湧水調査報告書 平成 12 年度』東京都環境局 .
Wels, C., Cornett, R. J. and Lazerte, B. D. 1991. Hydrograph separation: A comparison of geochemical and isotopic tracers. Journal of Hydrology 122: 253-274.
Yukimoto, S., Adachi, Y., Hosaka, M., Sakami, T., Yoshimura, H., Hirabara, M., Tanaka, T. Y., Shindo, E., Tsujino, H., Deushi, M., Mizuta, R., Yabu, S., Obata, A., Nakano, H., Koshiro, T., Ose, T. and Kitoh, A. 2012. A new global climate model of the Meteorological Research Institute: MRI-CGCM3–Model description and basic performance–. Journal of the Meteorological Society of Japan 90A: 23-64.

第6章

空から見る

UAVによる災害・植生調査

❖ この章で取り上げるフィールド調査の教訓

新しいツールを使いこなそう

(1) 空からの眼の可能性は無限大 !?

(2) 飛ぶものは必ず落ちる？　安全運用を心がけよう。

第6章では，UAV（Unmanned Aerial Vehicle，無人航空機）のフィールド調査での活用例について紹介したいと思います。UAVは，一般的にはドローンとも呼ばれ，特に複数の回転翼を装備したマルチコプターと呼ばれるタイプのものが近年急速に一般化してきました。筆者（泉）は，2012年3月に6枚回転翼のUAV（㈱情報科学テクノシステム，GrassHOPPER）を導入しました（図6-1）。

第1章で紹介した衛星リモートセンシングによる積雪分布の把握や，第2章で紹介した八ヶ岳の観測タワーでの森林観測に代表されるようにフィールド調査では，対象物を上（空）から観測したいという場合が多くあります。空からの観測

図6-1　初めて導入したUAV（無人航空機）GrassHOPPER
宮城県岩沼市の海岸にて（2012年4月）。

には，衛星，飛行機，ヘリコプター，グライダー，気球をはじめとして様々なプラットフォームが使われますが，興味を持った対象物のデータを必要なタイミングで取得することは技術的にも費用的にも容易ではありません。

小型ＵＡＶの登場

UAV というと，日本ではヤマハ発動機が主に農薬散布用に開発したエンジン搭載の大型無人ヘリコプターが普及し，研究分野でも利用されてきましたが，高価なことや運用に専門のオペレーターが必要なことなど，その利用は容易ではありませんでした。

一方，導入した UAV は，約 150 万円と既存の無人ヘリコプターと比較するとかなり低価格であり，数時間程度の操縦訓練で比較的容易に操縦できるなど格段に利用しやすいものです。その性能は，飛行時間約 10 分，ペイロード（積載可能重量）600 g，飛行可能高度約 200 m（対地高度）で，GPS とジャイロと加速度センサを用いた制御系により操縦機で微調整を行わなくても自動でホバリングする機能を有しています。エンジン搭載の無人ヘリコプターに比べると飛行時間が短く，ペイロードも少ないですが，バッテリーを用いた電気駆動のため，機体の取り扱いが容易であるという特徴もあります。

筆者が導入した UAV は，開発直後の 1 号機であったため，テスト飛行の当初は，制御系の不具合等により何回か軽微な墜落事故が起きましたが，そのたびに販売元の担当者と原因を探求し，4 月中旬には安定的に飛行できるようになりました。

カメラを搭載した記念すべき最初の本格飛行は 2012 年 4 月 24 日，「奇跡の団地」とも呼ばれた（三浦ほか , 2010）東京都杉並区の阿佐ヶ谷住宅で行い，建築家の前川國男が設計したテラスハウスやコモンの撮影をしました（図 6-2）。前川國男は，東京初の世界遺産となった国立西洋美術館を設計したル・コルビュジエに直接学んだ日本の近代建築の巨匠であり，阿佐ヶ谷住宅は発足当初の日本住宅公団と前川が産み出した戦後の日本の住宅のあり方を問う「奇跡」の存在でした。UAV による空撮写真は間に合いませんでしたが，図 6-2 (b) の空撮写真の左下に写っている樹高 12m ほどのヒマラヤ杉に登って撮影した鳥瞰写真は，石川ほか (2010) に掲載されており，その元となった報告書では，コモンを象徴する写真として表紙に採用され，住宅の行く末を決める杉並区都市計画審議会の机上資料と

(a)

(b)

図 **6-2**　阿佐ヶ谷住宅の空撮写真

(a) 中央広場と給水塔，(b) テラスハウスとポケットパーク。

して配布されました。この団地は2013年に建替えのため取り壊されてしまったので，空撮した写真や動画は，その面影を残す非常に貴重な記録となりました。

その後，宮城県岩沼市の復興会議議長を務めておられた東京大学の石川幹子教授（現：中央大学）からの依頼で，UAVやMMSを含む様々な調査機材を持って2012年4月29日に宮城県岩沼市を訪問しました。岩沼では，東日本大震災時の津波により沿岸6集落が壊滅的な被害を受け，内陸への移転の検討を進めると共に，大きな被害の出た海岸林の再生方針についても早急にまとめる必要がありました。そこで，当時の海岸林の概況，特に残存した海岸林の状況を捉えるために撮影を行いました（図6-3）。直下視の衛星写真や航空写真などに比べて，UAVから撮影した鳥瞰写真は，立体感がはっきりしており対象地域の概況を把握するのに大変有効であることが分かりました。そこで，石川先生から，実踏調査の間に合わない海岸林や，被災した建物が取り壊される予定の集落の状況なども記録して欲しいとの依頼を受けました。

また，これらの撮影の様子を見学しておられた地元のNPOの方から，被災時にこのようなUAVがあれば，被災状況の把握や生存者の発見に役立ったかもしれないといったお話や，まちが復興していく様子を空撮し発信できると嬉しいので，ぜひ，UAVを置いていって欲しいといった熱い声を頂きました。

これらの声を受けて，5月の第2，3週の週末は，岩沼に通い，震災後初のお田植え祭や小学校の運動会などの行事の空撮を行うと共に，海岸林や被災集落の撮影を行いました。特に，津波被害を受け2011年の運動会が行えなかった玉浦小学校では，筆者の機材だけでなく，販売元のご厚意でもう1機のUAVを準備して頂き，写真とビデオの両方で空撮を行って撮影データの提供を行いました（図6-4）。また，お昼の時間に運動場で機材の紹介やデモ飛行を行う時間まで設定されていたことで，岩沼の沿岸域の方々に，この小型UAVは一気に知られるようになりました。そして，これらの経緯を知った筆者の知人であるNPO法人関係者が，ぜひ被災地にUAVを贈るのに協力したいとロータリークラブからの寄付を募ってくれました。

しかし，UAVによる空撮には1つ重要な技術的課題がありました。それは，空撮時にカメラがどこを撮影しているか手元で分からないということでした。筆者は，視力が良く，空間把握が得意だったこともあり，それまでは自分がUAVに

(a)

(b)

図 **6-3**　岩沼海浜緑地の空撮写真
(a) 残存海岸林と被災した野球場，(b) 4 枚の空撮写真を用いて作成したパノラマ画像。

(a)

(b)

図 **6-4**　宮城県岩沼市立玉浦小学校運動会（**2012** 年 **5** 月 **20** 日）
(a) 運動会全景の空撮写真，(b) UAV の説明とデモフライトの様子。

乗っているような感覚で撮影を行っていました。実際，カメラが狙ったアングルよりも上下左右に少しずつずれてしまうことが多くありましたが，飛行後のデータチェック時に上手く撮れているかどうか確認する際の緊張感が，フィルムで写真を撮っていた時の感覚と似ており，あまり問題を感じていませんでした。ただ，

図 6-5　岩沼に寄贈された新しい **UAV** の操縦訓練の様子
GrassHOPPER により空撮。

地元の方から，復興関係のイベントの空撮や災害時の利用を考えると手元で上空の画像がリアルタイムに確認できることが必須であるとの意見を頂きました。

日本では電波法による規制のため海外で使用されている安価な映像伝送装置が使用できないことや装置が重たいことなど，様々な制約がありましたが，販売元や空撮用 UAV の製造実績が多い㈱ケイアンドエスのご協力を得て，映像伝送装置を搭載した新しい UAV が完成しました。その機材の最終調整や地元の方の操縦訓練（図 6-5）などを筆者が行い，晴れて 2012 年の秋から岩沼の空に空撮用の新しい UAV が飛ぶようになりました。

このように，当初，フィールド調査における対象地の概況把握や近赤外カメラをはじめとした様々なセンサの搭載によるデータ取得を主な目的として導入した UAV でしたが，カメラによる空撮は，それだけでも非常に有意義で，時に人に大きな勇気や希望を与えてくれるものであることを実感しました。

岩沼でのデータ取得以外にも，5 月の茨城県つくば市での竜巻被害地の被害状況の調査や，第 4 章に掲載したまつぼり風の観測装置や周辺地形の鳥瞰写真の撮影をはじめとして様々なフィールドで UAV によるデータ取得を試みました。9 月には熊本県阿蘇地方の九州北部豪雨による土砂災害の調査やスギ林の近赤外カメラでの撮影などを行いました。この際には，岩沼に贈呈した UAV と同じ映像伝送装置を筆者の UAV にも搭載し，GoPRO HERO2 という超広角レンズを標準装備した小型カメラを利用することで，フィールドの概況把握が格段に行いやす

図 6-6　茨城県つくば市北条地区の竜巻被害の空撮写真（2012 年 5 月 7 日）

くなることが分かりました。

一方，これら UAV の利用で実感したのが，事前に指定した場所に飛行する自動航行機能やペイロードの重要性でした。

つくば市北条地区の竜巻被害地の調査では，筆者の UAV による空撮写真（図 6-6）だけでなく，販売元が保有する自動航行機能を持った UAV を使用して，ステレオペア画像を取得し，超高解像度の DSM（数値表層モデル）とオルソモザイク画像を作成してもらいました（図 6-7）。これにより，屋根が吹き飛ばされている家屋の状況などを詳細かつ定量的に把握できることが分かりました（泉ほか , 2012）。

UAV の高性能化のスピードは速く，フィールドで感じた問題点を改良した新

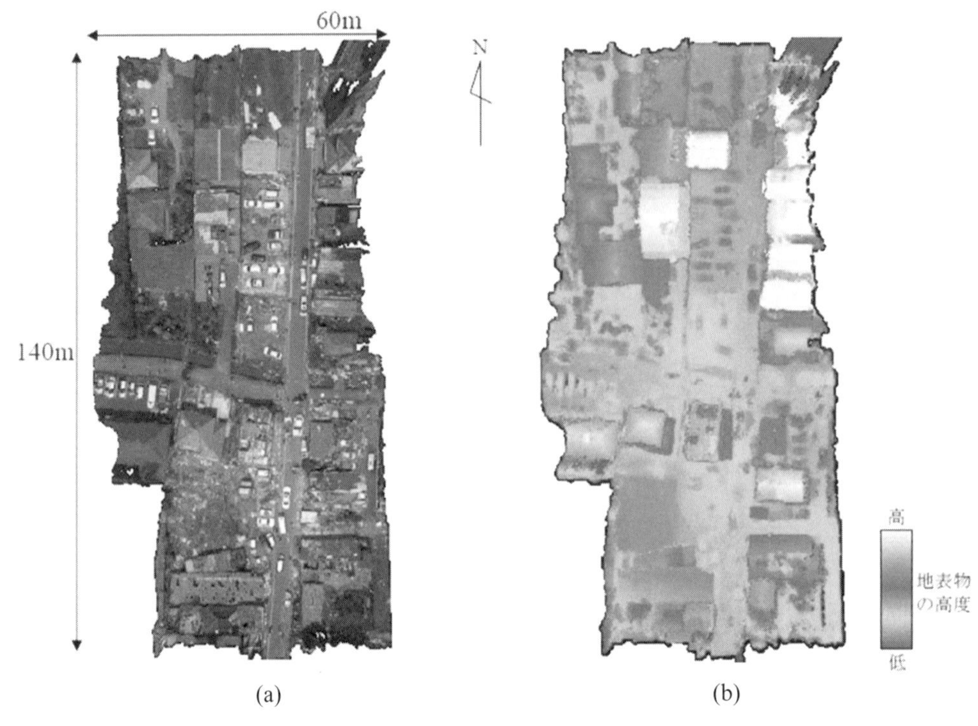

図 **6-7**　茨城県つくば市北条地区の竜巻被害の様子（**2012** 年 **5** 月 **7** 日）
(a) オルソモザイク画像，(b) DSM（数値表層モデル）。

型 UAV を 2013 年 3 月に導入しました。この新型 UAV は自動航行機能や映像伝送装置を搭載し，ペイロードも約 1.5 kg に増加しており，八ヶ岳の観測タワーでの森林観測と同様の観測を行うことができるようになりました。これによって，タワーがない場所でも森林の方向別分光反射特性を観測できるようになり，現在データの取得を進めています。

また, 近年, ステレオペア画像から DSM を自動作成できる写真測量機能を持った画像解析ソフト（例えば Agisoft 社の Photoscan や Pix4D 社の Pix4Dmapper など）が販売されるようになり，UAV で撮影した画像から数 cm という超高解像度のオルソ画像や DSM を作成することが可能になりました。これによって衛星写真や航空写真より，はるかに詳細な地形や植生といった地表面情報を得ることができるようになります（酒井ほか，2016）。

ＵＡＶの可能性と危険性

今後も，UAVの高性能化と廉価化は進んでいくと考えられますので，フィールド調査におけるUAVの可能性は，無限に拡がっているとも考えられます。特に，高頻度で高解像度のデータが取得できることや曇天下でもデータが取得できることは，UAVの強みといえるでしょう。ただ，広範囲のデータを取得することは容易ではないので，衛星をはじめとした他のプラットフォームによるデータとうまく組み合わせて利用することがポイントであると思います。

最後に，UAVを利用するに当たって忘れてはならないのは「飛ぶものは必ず落ちる可能性がある」ということです。これは，有人ヘリコプターの操縦免許を持ち，無人ヘリコプターを用いた空撮業務に長く携わってこられたプロの方から教えて頂いたことです。このことを実感する事故が2013年11月19日に起きました。造成作業がほぼ終了した岩沼の防災集団移転地の定点写真を撮影しようと飛行させていたUAV GrassHOPPERが，突然，制御系のトラブルで暴走し視界から消えるまで飛行していってしまいました。一定の方向に飛行していったので，その方向に車で捜索した結果，約3 km離れた海岸近くの下水処理場の駐車場で墜落した機体を奇跡的に発見することができました。不幸中の幸いで，事故機以外に人的にも物的にも被害はありませんでしたが，UAVの有用性の裏に潜むリスクについて強く認識させられた事故でした。

2013年12月には米国のAmazon社が，UAVを用いた配達サービスの計画を発表し，UAVは今後も様々な分野で利用が進むと思います。技術革新による安全性の向上はもちろんですが，過度の監視やテロといったように用途を間違えると危険性もはらむ道具ですので，法制度や運用の仕組みを整備することがUAVの可能性を最大限に引き出す上で，重要な課題といえると思います。

（泉 岳樹）

追 記

本章でのフィールド調査時や日頃の問題意識に基づいて，筆者なりに考えたUAVが切り拓く未来について，小林 (2015) の「ドローン業界のキーパーソンに聞く」とのインタビューで答えているので興味のある方はご覧下さい。UAVで観測した岩沼の海岸林については，日本緑化工学会誌に大澤ほか (2015) として掲載されました。また，UAVを用いた森林データの解析は博士後期課程の山本遼介さんや序章で紹介した卒論生の齋藤有希さんが続けてくれていますので，今後が楽しみな分野です。

【コラム7】

ＵＡＶを用いた災害調査と，ＵＡＶを取り巻く現状

本コラムでは，第6章で紹介した事例より後に行ったUAVによる災害調査や最近のUAVを取り巻く状況について紹介します。

UAVを用いた災害調査については，東北の津波被害地や平成24年九州北部豪雨の土砂災害地をはじめとした様々な災害地やフィールドでのUAVの運用経験から，発災初期の被害状況把握などにUAVは大変有効であると考え，2014年に「首都大学東京無人へリ災害調査・支援特別班」を起ち上げました。2014年は大規模な災害が多く，7月の南木曾町での土砂災害，8月の広島市での土砂災害，9月の御嶽山の噴火災害，11月の長野県神城断層地震による災害などの際に，UAVによる災害対策支援や調査を行いました。

南木曾の土砂災害では，現地の天候やUAVの調子の関係で，実際にデータ取得ができたのは発災5日後でしたが，被害の大きかった地域の鳥瞰写真とステレオペア画像の取得を行うことができました。

広島の土砂災害地では，広島市防災対策本部からの要請に基づき，発災翌日から2次災害防止のための警戒・監視飛行を実施しました。防災対策本部の要請で発災直後の現場にUAVが投入されたのは，筆者の知る限りこの広島が初めてのケースです。現場では，断続的に雨が降る中，行方不明者の捜索が続けられていましたが，土石流を起こした沢の上流部の状況確認が有人へリコプターからでは困難だということで，UAVによる撮影を行い（図6-8），現場の責任者に情報提供しました。当時は，自衛隊，警察，消防の災害対応部隊に，UAVは配備されていなかったので，多くの関係者がUAVの運用を見学されたり，機材の説明を求めたりされました。また，市街地に流れ込んだ土砂の状況を把握するためにステレオペア画像を取得し，オルソモザイク画像とDSMを作成しました（図6-9）。

図 **6-8**　広島市の土砂災害地での **UAV** による監視偵察飛行の様子と空撮画像（**2014** 年 **8** 月 **21** 日）

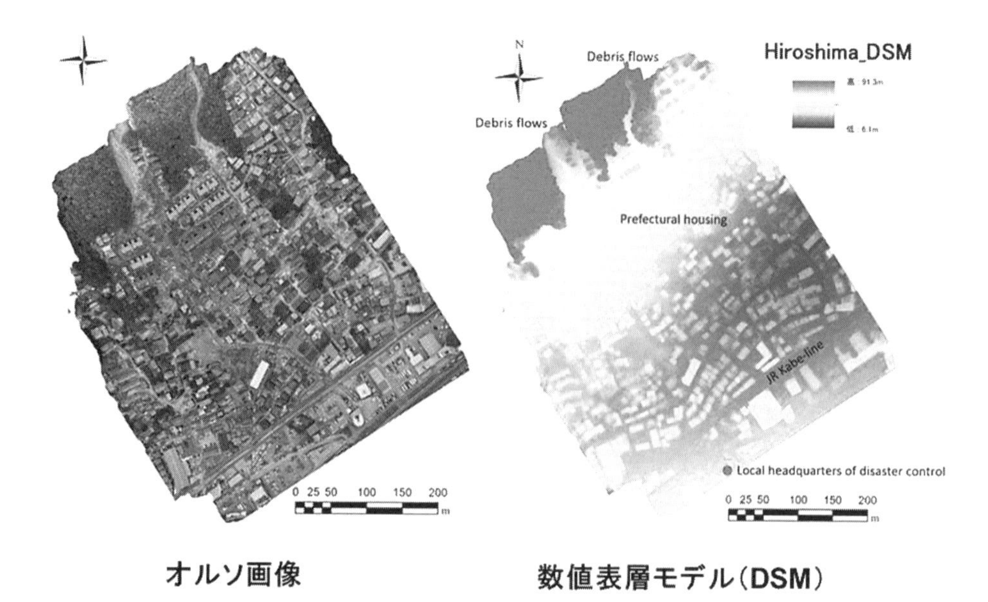

図 6-9　広島市の土砂災害地のオルソ画像と数値表層モデル

御嶽山の噴火災害時には，噴火後 3 日目に現地入りし，噴火口が近く，地上部隊や自衛隊のヘリコプターでの調査が十分に行われていなかった王滝頂上から王滝奥の院にかけての尾根に生存者がいないかの確認を UAV で行えればと考えていましたが，現場での許可手続きに混乱があり実施することができませんでした。一方で, 許可待ちの間に高標高でのフライトテストを重ね, ㈱ケイアンドエス（現:㈱プロドローン）製の K4-R という UAV で王滝口 5 合目（標高 1,680 m）から斜面に沿って高度 150 m 以下で飛行し，王滝口 7 合目付近の上空まで往復 4.8 km，高低差 750 m のフライトに成功しました(図 6-10)。この時の経験が, 2015 年のネパール大地震によるヒマラヤでの岩屑雪崩災害地の調査の際に大変役に立ちました。

長野県神城断層地震の際には，被害の大きかった白馬村からの要請を受け，発災 3 日後に現地入りし，家屋の被災状況の空撮を行いデータ提供しました。断層のずれの把握などを目的としたステレオペア画像の取得も目指しましたが，天候に恵まれず，十分な光量のデータを取得することができませんでした。

災害地での UAV の運用経験を積んだ結果，機材が雨や風に弱いため防水性能

図 6-10　御嶽山王滝口 5 合目から 7 合目に向けてのテストフライトの様子と空撮画像

や耐風性能をあげる必要性が高いこと，現地で飛行を行う際の手続きや指揮系統が複雑で決まったルールがないこと，許可を受け注意を払っていても有人航空機や他の無人航空機との衝突リスクがあることなど，様々な課題が浮き彫りとなりました。一方で，現場の隊員の方々との交流の中で，UAV は人命救助や災害対策のためのツールとして大きな可能性があることがはっきりしました。そこで，2014 年の秋から内閣府の防災担当の方々にそれまでの UAV による災害地での活動をご報告し，発災時の UAV の利活用方法についてご相談させて頂きました。その結果，2015 年の夏季から「首都大学東京無人ヘリ災害調査・支援特別班」は民間企業のご協力も得て体制を強化し，発災時には必要に応じて内閣府防災担当から現地対策本部に情報を提供して頂くという形で話が進んでいました。

そんな折，2015 年 4 月に「官邸ドローン事件」という衝撃的な事件が起きてしまいました。本書で「UAV」と呼んでいるものと「ドローン」と呼ばれているものは，ほぼ同じものを指していますので，影響は甚大でした。それまでルールが必ずしもはっきりとしていなかった無人航空機についての法制化を早急に進めることが政府の方針として発表され，結果として内閣府防災担当とのお話も流れてしまいました。5 月には善光寺でのドローン墜落事件も起き，ネガティブな印象が一般に広まりつつありましたが，同時期に幕張メッセで第 1 回国際ドローン展が開催されるなど，産業利用促進の機運も高まりを見せてきました。

「官邸ドローン事件」でも使用された DJI 社の Phantom シリーズは，UAV の高性能化と廉価化の象徴のような製品です。最新の Phantom4（2016 年 3 月発売）は，20 万円程度の値段で，映像伝送装置に加え，衝突防止機能や被写体自動追尾機能などもある高性能な機体に，広角の 4K カメラと 3 軸ジンバル（カメラを電子制御で安定に保つ機構）を搭載しています。ホビー用と謳われてはいますが，映像製作の現場でプロに用いられることもあり，フィールド調査での鳥瞰写真や空撮動画だけでなく，専用の自動航行アプリ（例えば DJI GS PRO, Pix4Dcapture など）を利用すると写真測量にも対応できるなど，その性能の高さとコストパフォーマンスは群を抜いています。また，家電量販店や大学生協などでも販売されるようになり，「UAV による空からの眼」は一気に身近なものとなりました。

2015 年 12 月には無人航空機の飛行ルールを定めた改正航空法が施行され，無人航空機の飛行の方法や許可が必要となる空域などが定められました。この法改正に伴って，「無人航空機（ドローン、ラジコン機等）の安全な飛行のためのガイドライン」や無人航空機による事故例をはじめとして，国土交通省航空局のホームページには無人航空機に関する様々な情報が掲載されるようになっていますので，無人航空機を利用する際には，必ず参照してください。また，測量分野での無人航空機の利用に関しては，国土地理院による「UAV を用いた公共測量マニュアル（案）」と「公共測量における UAV の使用に関する安全基準（案）」，日本写真測量学会による「測量調査に供する小型無人航空機を安全に運航するための手引き」なども大変参考になります。

2015 年は，日本国内での UAV の未来が狭まりかねない正念場の年でした。そのため，霞ヶ関の関係省庁，民間，研究者などの多くの関係者の協力を得ながら UAV の安全運用に関する講習会を開催したり，国土地理院の安全基準 (案) の作成に検討委員会の委員長として携わるなどして，この新技術が社会に実装されるように微力ながら努力しました。その際には，通常より過酷な現場で UAV を多く運用してきた経験が大変に役に立ちました。

2016年3月には国土地理院が，無人航空機による測量に精通した技術者を育成し，災害時には自ら現場で必要な撮影や測量を行うことができるようにする「国土地理院ランドバード」という体制を発足させることを発表し，4月の熊本地震では，土砂災害地や熊本城の被災状況などを空撮しデータを公開しています。「UAVによる空からの眼」は，地上の実踏調査だけでは把握できない視点やデータを取得するフィールド調査の新たなツールとして今後も活躍の場が増えていくと考えられます。安全に十分留意することが前提ですが，ぜひ，皆さんもフィールド調査で活用してみてください。

（泉 岳樹）

引用文献

石川幹子・陣内秀信・泉 岳樹・松本真澄 2010.『風と緑と光の田園住宅 失われようとしている集合住宅の名作－公団阿佐ヶ谷住宅』東京大学・都市持続再生研究センター .
泉 岳樹・稲村友彦・宇佐美昌樹 2012. 気象災害におけるヘリコプター型UAVの利活用に関する実証的研究－つくば市北条地区での竜巻被害を対象として－ . 日本気象学会2012年度秋季大会講演予稿集 102: 48.
小林啓倫 2015.『ドローン・ビジネスの衝撃 小型無人飛行機が切り開く新たなマーケット』朝日新聞出版 .
三浦 展・大月敏雄・志岐祐一・松本真澄 2010.『奇跡の団地 阿佐ヶ谷住宅』王国社.
大澤啓志・泉 岳樹・七海絵里香・石川幹子 2015. UAVによる高解像度画像を用いた津波被災海岸林の実態把握 . 日本緑化工学会誌 41: 157-162.
酒井健吾・山本遼介・長谷川宏一・泉 岳樹・松山 洋 2016. 小型UAVから撮影された直下視画像と斜め視画像を用いた森林樹冠のDSM作成 . 日本リモートセンシング学会誌 36: 388-397.

風を調べる

局地風の移動観測

❖ この章で取り上げるフィールド調査の教訓

もう一つの「運と勘」

(1) 観測はワンチャンス。

(2) 研究は公表しなければ意味がない。

「まつぼり風」再び

本章で本書も終わりになります。そこで，最後にもう一度「まつぼり風」（小野寺, 1975）の話をしたいと思います。これは，もう一つの「運と勘」（第1章）でもあります。

地理情報学研究室では，長いことまつぼり風の数値シミュレーションの研究をしてきました（稲村ほか, 2009）。そして，2011年8月には，熊本県大津町立大津東小学校の屋上に自動気象観測装置を設置しましたが（第4章），研究室の中には，まつぼり風を実際に体験した人はいませんでした。まつぼり風は主として春に吹き（小野寺, 1975），天気図を見ればいつ吹くかある程度予想できます（第4章）。しかしながら，「今日，まつぼり風が吹く。」と思っても，直ちに熊本まで飛んでいくことはできません。

松山は，「阿蘇の局地風「まつぼり風」の吹走メカニズムの解明—現地観測とメソ気象モデルを用いて—」というテーマで，東京地学協会から平成24年度研究・調査助成金をいただきました。年度をまたいで使える研究費は大変ありがたく，この研究費を使って，何とかまつぼり風を体験したいものだと思いました。しかしながら，まつぼり風が主として吹走する春は年度末・年度初めでもあり，大学

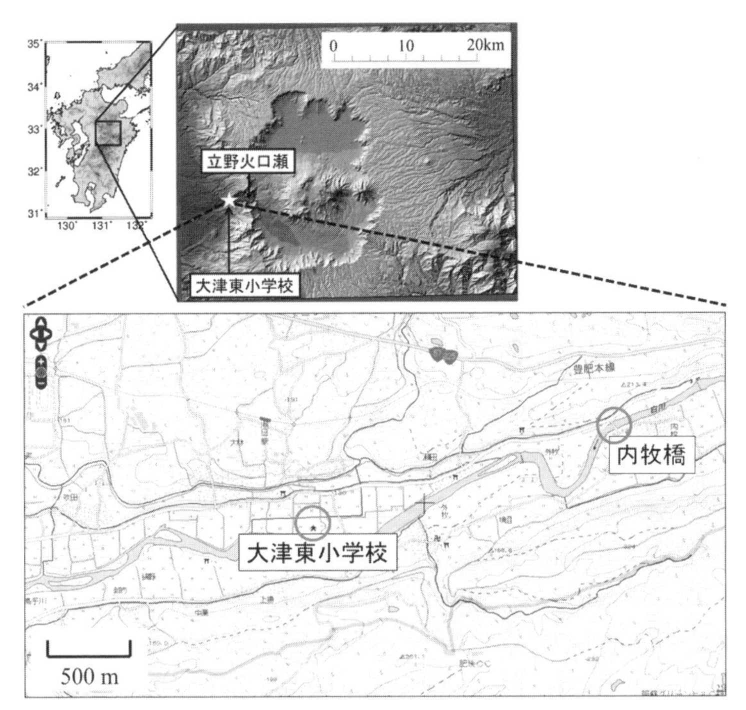

図 7-1　まつぼり風が吹き出す立野火口瀬と，大津東小学校および内牧橋の位置関係
下段の図は，地図閲覧サービス（ウオッちず）http://watchizu.gsi.go.jp/ をもとに作成。

を長期間空けることができません。そこで，比較的時間に余裕のある研究室の学生さんを募ったところ，坂本 壮さん（2013 年度の卒論生）が名乗り出てくれました。

大津東小学校の少し東寄りにある内牧橋では（図 7-1），国土交通省九州地方整備局立野ダム工事事務所による風の観測が行われています。内牧橋における 1990 ～ 2008 年の毎時のデータを用いて，風速の上位 99 % を超える強風が吹いた日をプロットすると図 7-2 のようになります(別名 :「まつぼり風」カレンダー)。これは 1 ～ 6 月のカレンダーですが，このような強風は 3 ～ 5 月に多く吹いていることが分かります。

大津東小学校の屋上に設置した自動気象観測装置の更新手続きは，年度ごとに大津町役場学校教育課で行います。2013 年度の申請手続きを 3 月 14 日に行うこ

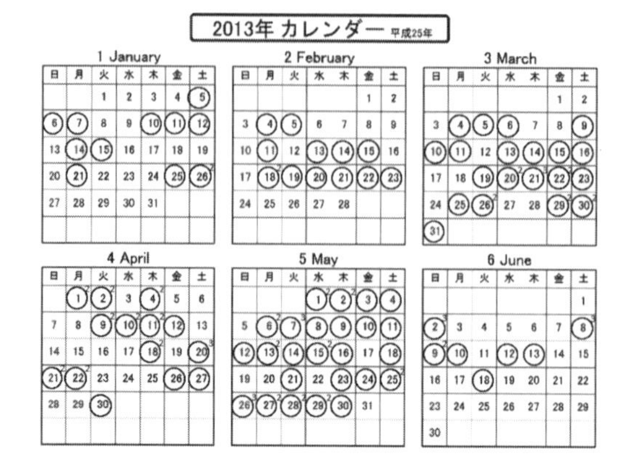

図 7-2 「まつぼり風」カレンダー（1 ～ 6 月）
○がついているのは，1990 ～ 2008 年の 19 年間で 1 度は，内牧橋（図 7-1）において風速の上位 99 % を超える強風が吹いた日である。○の右上に 2（または 3）と書かれている日は，その日に過去 2 回（または 3 回），そのような強風が吹いたことを表している。国土交通省九州地方整備局立野ダム工事事務所のデータにより作成。

とにし，この時坂本さんに一緒に来てもらって 4 月 20 日まで大津町に滞在してもらうことにしました。事前に，大津東小学校の屋上に設置した自動気象観測装置の風速のデータにスペクトル解析を施したところ，8 ～ 12 日の周期帯で顕著なパワースペクトル密度のピークがみられました（図省略）。そのため，38 日間の滞在中に 3 ～ 5 回は強風が吹くことが期待されました。

坂本さんの使命は 2 つありました。一つはまつぼり風を体験して動画に収めること，もう一つは，Inamura（2013）で示唆された，強風域が局地的である可能性を風の移動観測によって実証することでした。実際には，この時のまつぼり風吹走事例について現地観測データを解析するとともに，メソ気象モデル RAMS（Pielke et al., 1992）を用いた再現実験を行いました。そして，これが坂本さんの卒業論文（坂本 , 2014）になりました。

平均的には 3 ～ 5 回吹くことが期待されるものの…

38 日間の滞在中，平均的には 3 ～ 5 回強風が吹くことが期待されるものの，2013 年の春にこれだけ強風が吹く保証はどこにもありません。大津町のウィークリーマンションを借りて生活基盤を整えた坂本さんは，毎日，気象庁の Web Site をチェックしていました。そして，まつぼり風が吹きそうな時にはレンタカーを手配し，ビデオカメラと風向・風速計を携えて観測に出かけていました（表 7-1）。

ネックになったのは，大津東小学校の屋上に設置した自動気象観測装置の状況

表7-1　坂本さんの大津町滞在期間中（2013年3月14日～4月20日）の観測状況（空振りを含む）

日時	3月20日	3月24日	3月27日	4月2～3日	4月5～6日	4月20日
大津東小学校の風速	5m/s程度	ほぼ無風	6m/s程度	3m/s程度	15m/s程度の暴風	9m/s程度の強風
移動観測の有無	○（1回）	×	×	×	○（4回）	△（1回）（西原村のみ）
坂本さんの状況	初回の観測でかなりバタバタ	徹夜して待つも吹かず…	スーパーに買い物に行ったせいで観測できず…	徹夜して待つも吹かず…（吹かないという最悪の事態を想定）	こんなに強い風が常襲するなんて…	東京へ帰る日の午前中で結局バタバタ

がリアルタイムでは分からないことです（第4章）。予想天気図を参考に，大津東小学校の駐車場にて徹夜で待機しても強風が吹くとは限らないのです。3回連続で空振りに終わった4月2～3日には（表7-1），坂本さんは最悪の事態（このまま，まつぼり風が吹かずに4月20日を迎えること）も覚悟したと言います。彼を現地に送り出した側としては，「無事に帰ってきてほしい」というのが一番にありましたが，今回の観測には大金（私財を含む）を投じていましたので，「なんとかまつぼり風を捉えてほしい」という思いもありました。

そして，運命の4月5～6日がやってきました。この日の天気図は図7-3のようになっており，まさに「まつぼり型」の気圧配置です（小野寺, 1975）。天気予報は「今週末は猛烈低気圧の影響で，全国的に台風並みの暴風が吹き荒れる恐れがあります。交通機関に広く影響が出る可能性もあり，不要不急の外出は控えるようにして下さい。」というものでした。レンタカーを手配した坂本さんは，風速計を三脚に設置し，三脚の足を車のタイヤで固定し，車の中で，風速が分かるように備えました（図7-4）。風速が一番強かったのは4月6日の未明から朝方にかけてであり，この事例は第4章で述べたまつぼり風の吹走条件を満たしていました。なお，学術的な内容については本章執筆時（2014年5月）には未公表であったため，今回の研究成果の概要については，本章のコラムで述べます。

その代わり，この時吹いたまつぼり風がどれくらい強烈だったかを写真で示します。図7-5は，まつぼり風吹走時（4月6日午前）の大津東小学校周辺と坂

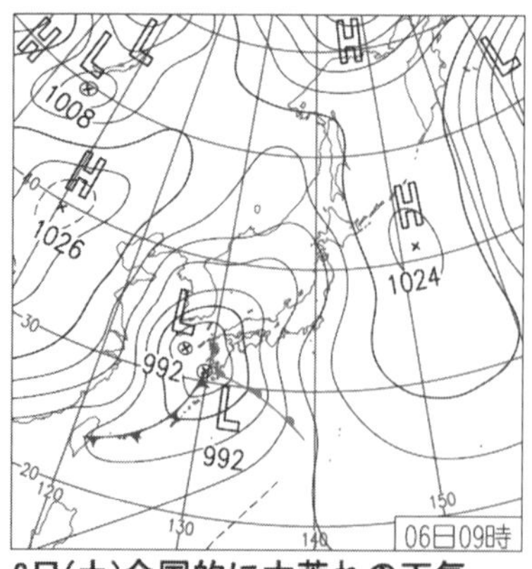

6日(土)全国的に大荒れの天気

図 7-4　大津東小学校体育館横の駐車場にて
まつぼり風に備える
2013 年 4 月 5 日撮影。

図 7-3　まつぼり風が吹走した 2013 年 4 月 6 日午前 9 時の天気図
気象庁の Web Site http://www.data.jma.go.jp /fcd/yoho/data/hibiten/2013/1304.pdf による。

本さんの状況を示したものです。木々は大きく揺れ，まつぼり風の凄さが分かるかと思います。また，図 7-6 は，翌 4 月 7 日に坂本さんが見た，まつぼり風による被害状況を示したものです。JR の駅のベンチは倒れ，畑のビニールは剥がれ，道路工事の現場ではコーンが倒れ，麦はなぎ倒される，というまつぼり風の凄ま

図 7-5　まつぼり風吹走時における大津東小学校周辺と坂本さんの状況
2013 年 4 月 6 日撮影。

図 7-6　坂本さんが見たまつぼり風による被害の状況
2013 年 4 月 7 日撮影。

じさがあちらこちらに見られたと言います。

まつぼり風が吹かない時は…

坂本さんは，現地に 38 日間いましたが，結局まつぼり風と呼べる事例は 4 月 5 ～ 6 日のものだけでした。表 7-1 からは，4 月 20 日にも結構な強風が吹いたことが分かりますが，よく調べてみると，この事例はまつぼり風の吹走条件（第 4 章）を満たしていませんでした。今回は，まつぼり風が吹きやすい時期を狙って現地に長期滞在してもらいましたが，これほどまで吹かないとは意外でした。これもまた「運と勘」（第 1 章）と言えるでしょうか？

まつぼり風吹走日以外の日に，坂本さんは遊んでいたわけではありません。地元の商店の方からは，「まつぼり風は家が揺れるほどの強風で，農家の人はみんな苦労している」ことを教えていただき，いろいろな知り合いの農家の方を紹介してもらったといいます。低気圧が近づくとまつぼり風が吹くのを農家の方は御存知であること，まつぼり風で瓦が飛んだこともあること，台風は対策できるがまつぼり風はなかなかできないこと，土の中で甘藷（かんしょ）を育てていること，ビニールハウスはファンを回すことで中の気圧を下げる対策を取っていることなど，坂本さんは，ここで暮らしている方ならではのお話をうかがってきました。また，農家の方は「昔は，まつぼり風は 3 ～ 4 日吹くこともあったが，最近は吹走回数が減っている。」との印象をお持ちとのことでした。実際，データ解析からも，近年，まつぼり風の吹走回数は減少していることが明らかになっています（Inamura, 2013）。

坂本さんが足繁く通った阿蘇の温泉宿では，まつぼり風に関するお話をうかがっただけでなく，人生相談までさせていただいたそうです。御主人曰く，「ここの人たちは，みんなそれ（まつぼり風）が当たり前になってしまっている。こうやって外の人たち（坂本さん）が中の人たちに教えてくれることで，改めて勉強させてもらったよ。本当にどうもありがとう。」と，逆に御主人に感謝されてしまったそうです。また，大津東小学校では，児童たちと一緒に教室の掃除をしたり，運動場で遊んだり，新入生歓迎遠足に行ったり，東京に帰る時にはみんなから寄せ書きをもらったり，大学院合格祈願のお守りをもらったりと，ほとんど教育実習状態だったようです。普通の人ではめったにできない体験をしたようで，この原稿を書いているこちらが羨ましくなってしまいました。

研究は公表しなければ意味がない

本書を通じて何度も繰り返してきたことに，「研究はきちんとした形で公表しなければ意味がない」ということがあります。特に，フィールド調査で得たデータは世界で唯一のものですから，その価値は希少です。研究は投稿しなければ始まりませんが，研究をまとめるかどうかは，知恵を出したか，手を動かしたか，金を出したか，というその研究への想いで決まると思います。坂本さんは 2014 年 4 月から京都大学の大学院に進学しますが，筆者たちは彼の研究に対する大変熱い想いがあります。そのため，坂本さんの卒業論文はきちんとした形で公表したいと考えています。

（松山 洋・泉 岳樹）

追 記

坂本さんの卒業論文は，その後，坂本ほか（2014）という形で，原著論文として日本気象学会誌「天気」に公表されました。

謝 辞

東京地学協会からいただいた「平成24年度研究・調査助成金」なくしては，今回の調査は実現できませんでした。国土交通省九州地方整備局立野ダム工事事務所には，内牧橋における風のデータを提供していただきました。大津東小学校の皆様をはじめとして，熊本県大津町の皆様には大変お世話になっています。ここに記して感謝したいと思います。

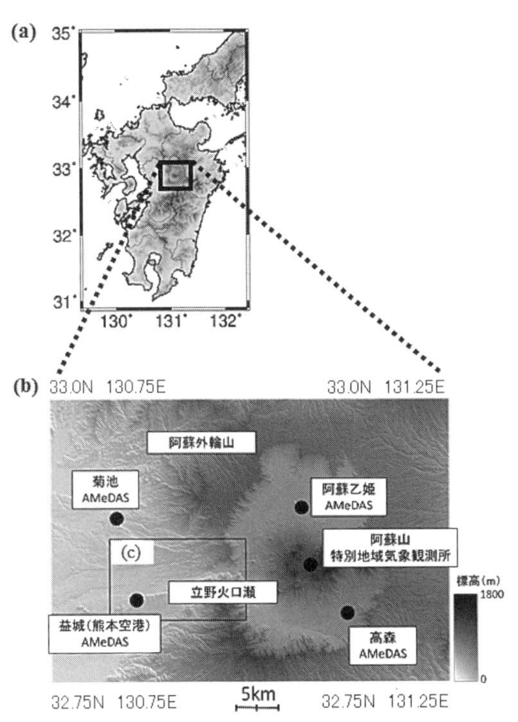

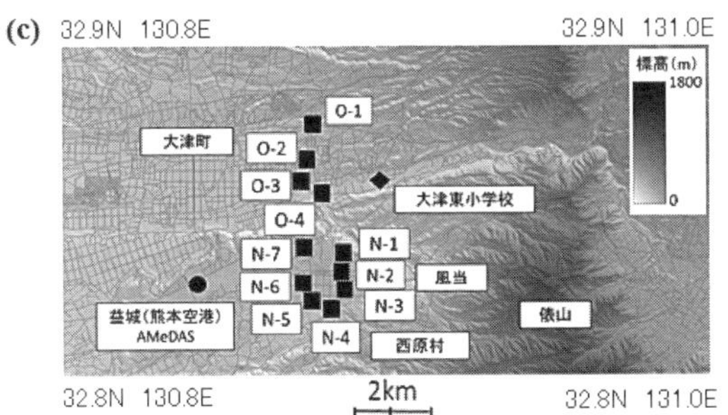

図 7-7　風の定点観測および移動観測地点
(a) 九州地方
(b) 阿蘇山周辺
(c) 現地観測を行った地域
●：気象庁による定点観測地点
◆：独自の定点観測地点
■：移動観測地点
坂本ほか（2014）による。

【コラム 8】

風の移動観測と気象の数値シミュレーション

まつぼり風に限らず風は局地性が大きいため，時空間代表性のある観測を行うことは非常に難しいです。今回，坂本さんは，まつぼり風が吹きそうな時，あるいは吹走中に，以下のようにして風の移動観測を行いました（表 7-1）。

対象としたのは図 7-7（c）の範囲です。ここにある 11 地点は，まつぼり風が吹走しそうなところとそうでなさそうなところを考慮して決めました。そのうえで，2013 年 3 月 15 日に，松山，稲村友彦さん（第 4 章参照），坂本さんの 3 名でレンタカーを利用して現地視察を行い，風上に建物や木々が無く構造物の影響が少ないと思われる地点を選定しました。同時に，車を止めるスペースがあり，安全に観測を行えることも考慮しました。

まつぼり風が吹走しそうな時，坂本さんは大津東小学校体育館横の駐車場で強風を待ち（図 7-4），強風が吹き始めた段階で移動観測を開始しました。大津町から西原村にかけてレンタカーで移動し，携帯型プロペラ式風速計（AVM-715, 佐藤商事，起動風速 0.4 m/s，精度（± 2% ＋ 0.2）m/s）と GPS（GPSLOG，アイ・オー・データ機器）を携えて，図 7-7（c）の 11 地点をまわりました。現場では，東向きに立って東風を捉えました（図 7-8）。1 地点につき風速を 1 秒間隔で 3 分間計測し，3 分間平均値をその地点の風速としました。実際には，まつぼり風に立ち向かいながら観測しなければならないため，立っているのが難しく，また雨も降っていたため大変寒かったようです。また，ものすごい強風の中で，ヘルメットを装着していなかったため，身の危険も感じたとのことです。

風速は同じ場所であっても測定高度によって大きく異なります。解析に際しては，大津東小学校屋上（10.2 m, 第 4 章参照）での風の定点観測と，坂本さんが風速計を手に掲げた際の観測高度（2 m）の違いを考慮して，風速の地域差や時間変化の様子を議論しました。その結果，強風域とされる立野火口瀬付近（大津

図 7-8　風の移動観測の練習風景
(2013 年 3 月 15 日撮影)
図 7-7 (c) の N-4 地点から東を望む。
奥に見えるのは立野火口瀬。

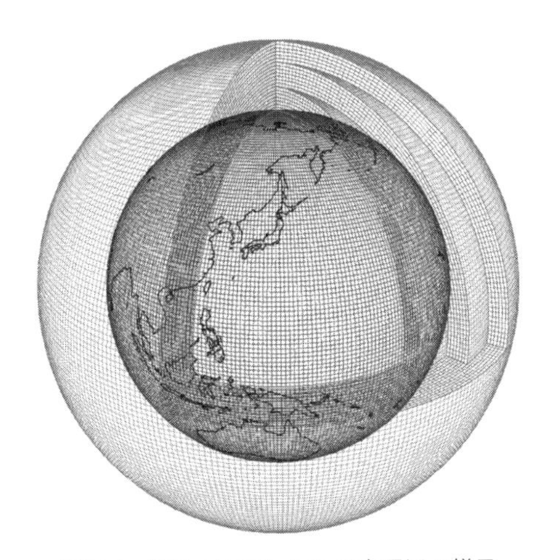

図 7-9　格子点で覆われた日本周辺の様子
気象庁の Web Site http://www.jma.go.jp/jma/kishou/know/whitep/1-3-1.html による。

東小学校）と弱風域とされる西原村（図 7-7c 中で N で始まる観測地点）とでは風速比にして 1.5 倍以上の風速の違いがみられ，まつぼり風の局地性が示されました。その一方，西原村で立野火口瀬と同程度の強風が観測された時間帯もありました（この理由については後述します）。

このように，まつぼり風吹走時に実測データを取得しただけでも大変貴重なことですが，坂本ほか（2014）ではメソ気象モデル RAMS（Pielke et al., 1992）を用いて，2013 年 4 月 5 ～ 6 日に吹走したまつぼり風の再現実験も行っています。ここでは，気象の数値シミュレーションの概要についても説明します。

気象の数値シミュレーションとは，コンピュータ上に仮想的な地球を構築して，注目する地域の気圧，気温，風，湿度などの時間変化を予測することです。具体的には，全球あるいは注目する地域を水平・垂直の格子点で覆い，その 1 つ 1 つの格子点について，気圧，気温，風，湿度などを計算します（図 7-9）。現実の地球は約 7 割が海洋であり，海洋上には気象観測地点がほとんどありませんから，このような観測値を求めることは難しいのですが，コンピュータ上の世界ではそのような計算が可能なのです。

また，まつぼり風のような局地風を再現する場合には，格子点で覆う範囲を入れ子状にして，外側の範囲の格子は粗く，内側の範囲の格子は細かくします。数値シミュレーションでは初期値や境界値（観測データ）を適切に取り入れる必要がありますが，一般にこれらのデータは時空間的に粗く，外側の範囲にしか与えることができません。これらのデータをいかして局地気象を再現するために，このような手法を採るのです。このような数値実験には高性能の計算機が必要ですが，筆者たちの研究室にはスーパーコンピュータ並みの計算機がありますので，これを利用して気象の数値シミュレーションを行いました。これらは，計算サーバー 4 台とそれを管理する管理サーバー 1 台で構成されており，CPU 60 コア（Intel Xeon-X5680 3.33GHz（6 コア）× 2 個× 5 台），メモリ 120GB（4GB × 6 枚× 5 台），OS は CentOS 5 というものでした。今回は初期値および境界条件として，気象庁のメソ数値予報モデル GPV（MSM）という 3 時間ごとの気象データを用いました。ようやく「地理情報学研究室」の本領発揮です。

計算に際しては，図 7-10 のような大気―陸面―海洋間の各プロセスを考慮します。全ての源は太陽からの放射（短波放射）です。その一部は大気中の物質や雲によって反射され，一部は吸収されます。そして，大気上端における短波放射の約 1/2 が地表面（陸地＋海洋）に到達して，地表面を暖めます。全ての物体は絶対温度の 4 乗に比例する長波放射を出しますから，地表面からも長波放射が射出されます。長波放射の一部は，大気中の温室効果気体（オゾン，二酸化炭素，水蒸気，エーロゾル等）によって吸収されます。

大気の流れは運動方程式によって記述され，その他に質量保存則や熱力学の第一法則（エネルギー保存則）なども考慮されます。海洋と違って陸地には凹凸がありますので，地形によって風は減速したり加速したりします。その際には，大気と地表面との間で運動量がやりとりされます。また，地表面と大気との温度差によって顕熱が輸送されますし，地表面と大気との湿度差や地表面の湿り具合によって潜熱が輸送されます。植生や雪氷・海氷があるところでは，これら地表面過程が少々複雑になりますが，このようにして大気境界層と呼ばれる，地表面に近い大気の状態が決まってきます。また，大気中で水蒸気が凝結して雲（液体または固体）になる時には大気中に潜熱（凝結熱）が放出され，これが新たな大気

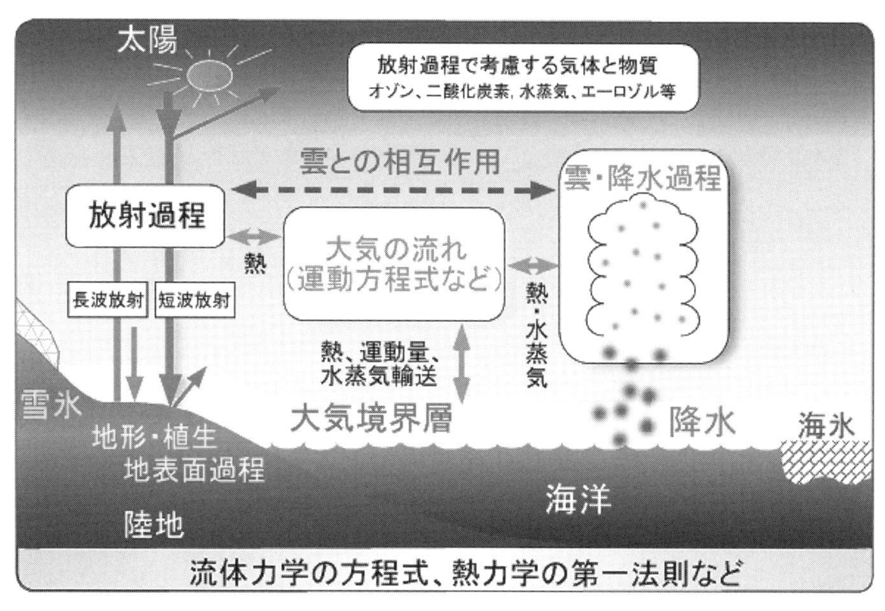

図 7-10　気象の数値シミュレーションで扱う大気 - 陸面 - 海洋間の各プロセス
気象庁の Web Site http://www.jma.go.jp/jma/kishou/know/whitep/1-3-1.html による。

の運動を引き起こします。雲は降水となる場合があり, 気象の数値シミュレーションではこのような水循環も考慮されています。

坂本さんが RAMS を用いてまつぼり風の再現実験を行ったところ，強風域はおおむね立野火口瀬付近の狭い範囲に限られることが示されていました。一方，弱風域である西原村で立野火口瀬と同程度の強風が観測された時間帯があった原因については，阿蘇外輪山の山越え気流による跳ね返り現象（ハイドロリック・ジャンプ現象）の起こる位置と西原村との位置関係が影響していることが分かりました。つまり，強風は時空間的に一定なのではなく，時々刻々変化するということです。詳しくは坂本ほか（2014）を御覧いただければ幸いです。

地理情報学研究室では，「阿蘇山周辺の特徴的な地形を改変すると，まつぼり風はどうなるか？」といった数値実験も行っています（稲村ほか , 2009）。具体的には，「V 字形をした立野火口瀬（図 7-8）を埋めるとまつぼり風はどうなるか？」,「阿蘇山の中央火口丘（図 7-7b）をなくすとまつぼり風はどうなるか？」,

「阿蘇外輪山（図 7-7b）をなくすとまつぼり風はどうなるか？」といった内容になります。こういった研究は現実世界では不可能なため，コンピュータを用いた研究の長所であると言えます。そして，現実に吹走するまつぼり風の特徴と数値実験の結果を比較することによって，まつぼり風の吹走メカニズムを明らかにできると考えています。興味のある方は，稲村ほか（2009）も合わせて御覧いただければ幸いです。

（松山 洋・泉 岳樹）

引用文献

Inamura, T. 2013. Diagnostic study on mechanisms of a local downslope wind storm and effects of climate change on its occurrence. PhD Thesis, Graduate School of Environmental Sciences, Tokyo Metropolitan University.

稲村友彦・岩崎一晴・齋藤 仁・中山大地・泉 岳樹・松山 洋 2009. 阿蘇山の特徴的な地形が局地風「まつぼり風」に及ぼす影響に関する数値実験 . 天気 56: 123-138.

小野寺三朗 1975.「まつぼり風」について . 天気 22: 139-143.

Pielke, R. A., Cotton, W. R., Walko, R. L., Tremback, C. J., Lyons, W. A., Grasso, L. D., Nicholls, M. E., Moran, M. D.,Wesley, D. A., Lee, T. J. and Copeland, J. H. 1992. A comprehensive meteorological modeling system–RAMS. Meteorology and Atmospheric Physics 49: 69-91.

坂本 壮 2014. まつぼり風の実態と吹走メカニズムに関する実証的研究〜現地観測とメソ気象モデルを用いて〜 . 2013 年度 首都大学東京 都市環境学部 地理環境コース 卒業論文 .

坂本 壮・稲村友彦・泉 岳樹・松山 洋 2014.「まつぼり風」の吹走範囲と吹走メカニズムに関する実証的研究〜現地観測とメソ気象モデルに基づいて〜 . 天気 61: 977-996.

あとがき

このように書いてくると，われながら多様な「自然地理学のフィールド調査」を行ってきたものだと思います。しかしながら，筆者（松山）は最初からフィールド調査を専門にしてきたわけではありませんし，世間的には今でもそう思われてはいないでしょう。以下では，筆者たちのフィールド調査に関する事始めについて綴りたいと思います。

もともと，松山は水文・気象データの解析で博士（理学）の学位を取得しました。しかしながら,「博士論文を提出したら何か全く別のこと(＝フィールド調査)をやってみたい」と思っていましたので，1996 年 11 月～ 1997 年 6 月に，第 1 章のコラム 2 で述べた巻機山積雪調査を単独で行いました。「なんで積雪調査をいきなり行えるの？」というと，松山は厳冬期も含めて巻機山に何度も登っていること, そして, 1991 年と翌年の融雪期に小池俊雄さん(当時 : 長岡技術科学大学)のお手伝いで富士山融雪観測に行ったことがあったためです。「巻機山における積雪水量の高度分布係数は日本の平均値の約 2 倍である」という調査結果からは,「現地で測ってみなければ分からないことがある」というフィールド調査の醍醐味を体感しました。積雪調査は翌シーズンも行いましたが，その後 2 年ほどブラジルに行っていたため，この間の調査は中止になりました。

2000 年 11 月に日本に戻ってきてしばらく経った頃，第 1 章に出てきた島村雄一さんが卒論の相談に来ました。島村さんは,「積雪のある森林域におけるリモートセンシングをやりたい」と言ったので，「積雪と植生のどっちをやりたいの？」と尋ねました。彼は「植生」と答えたのですが,「でも，雪の方が面白いから雪にしよう」と言って，彼を研究の道に引きずり込んでしまったのです。本人のために言っておくと，積雪のある森林域におけるリモートセンシングの研究をしようとしたら，森林の研究は欠かせません。そのため，筆者たちは，2003 年の夏～秋に東京都奥多摩町や新潟県津南町に出かけて行ってスギを伐倒し，葉面積指数を直接測定するという調査もしています（第 2 章のコラム 3)。これもいきなりはできませんから，末田達彦さん（当時：愛媛大学農学部）たちが 2002 年の春に北海道で行った調査に，島村さんと泉に参加してもらって観測技術を習得してきてもらっています。

筆者（泉）も元々フィールド調査を専門としていたわけではありません。「山」は趣味で，研究の対象は「都市」だったのですが，「地理学」という分野や研究室のメンバーとの出会いを通して山や自然を対象とした多くのフィールド調査に携わることができました。体力的に厳しくても，野外調査の現場やその前後に，データの取得法や解析法，そして結果の解釈について侃々諤々の議論ができることは，この上なく楽しく充実した時間でした。一方で，泉が手元に眠らせてしまっている貴重なデータは少なくありません。自分で理解できたと思うと満足し，次のことに手を出してしまう悪い癖があるので，本書の発行をきっかけに改めて「研究は公表しなければ意味がない」を肝に銘じたいと思います。

水質調査，および阿蘇で調査することになったきっかけは，第 3 章に書いた通りです。このこともあり，本稿執筆中の 2016 年 4 月に発生した「平成 28 年熊本地震」は，長年阿蘇で調査してきた筆者たちにとって他人ごとではありませんでした。地震で亡くなった方々のご冥福をお祈りするとともに，被災された方々に心よりお見舞い申し上げます。

多くの皆様から御指導いただいたおかげで，右も左も分からなかった筆者たちは，現場でデータを取得し，解析し，論文を書けるようになりました。本当にありがとうございました。そして，これからも首都大学東京 地理情報学研究室をどうぞよろしくお願いいたします。

2017 年 8 月

松山 洋・泉 岳樹（首都大学東京 地理情報学研究室）

索　引

た行

な行

は行

ま行

や行

ら行

著者紹介

泉　岳樹　いずみ たけき

1972 年京都府生まれ．東京大学工学部都市工学科卒業．同大学院工学系研究科都市工学専攻修士課程・博士課程修了．博士（工学）．現在，首都大学東京大学院都市環境科学研究科助教．専門は都市気候学，地理情報科学．主な論文に「東京都 23 区における屋根面積の実態把握と屋上緑化可能面積の推計」（日本建築学会計画系論文集，共著），「建物による日影が衛星リモートセンシングから算出された都市域のアルベドへ及ぼす影響」（GIS －理論と応用，共著）がある．

松山　洋　まつやま ひろし

1965 年東京都生まれ．東京大学理学部地学科卒業．同大学院理学系研究科地理学専攻修士課程修了，同地球惑星物理学専攻博士課程中退．博士（理学）．現在，首都大学東京大学院都市環境科学研究科教授．専門分野は水文気象学，地理情報科学．主な著書に『UNIX / Windows/Macintosh を使った実践！ 気候データ解析』（古今書院，共著），『自然地理学』（ミネルヴァ書房，編著）がある．

写真提供：首都大学東京 地理情報学研究室の現役，OB/OG の皆さん

書　名	卒論・修論のための **自然地理学フィールド調査**
コード	ISBN978-4-7722-4204-2
発行日	2017（平成 29）年 10 月 1 日　初版第 1 刷発行
著　者	泉 岳樹・松山 洋

発行者	株式会社 古今書院　橋本寿資
印刷所	三美印刷 株式会社
製本所	三美印刷 株式会社
発行所	古今書院　〒 101-0062 東京都千代田区神田駿河台 2-10
TEL/FAX	03-3291-2757 / 03-3233-0303
振　替	00100-8-35340
ﾎｰﾑﾍﾟｰｼﾞ	http://www.kokon.co.jp/　検印省略・Printed in Japan